吉林省高等学校精品课程
21 世纪全国应用型本科计算机案例型规划教材

计算机组成与结构实验实训教程

主　编　姚玉霞　蔡建培　邓蕾蕾
主　审　杨　继

内 容 简 介

本书是“计算机组成与结构”课程的实验和实训指导用书。全书包括上机实验（课程设计案例）与附录两部分。实验内容包括两个实验平台下逻辑电路的测试，可编程器件的编程及相关内容检查；独立的计算机主机功能部件实验及在完整的实验计算机上进行的计算机整机、I/O 接口和功能部件等的教学实验。附录部分包括“EL-JY-Ⅱ计算机组成原理实验系统”和“SHICE—2 计算机组成原理实验系统”的简介、实验（实训）报告书模板、课程设计任务书模板、课程设计成绩考核表模板。其中 SHICE—2 计算机组成原理实验系统的实验内容可以作为课程设计的案例。

本书是《计算机组成与结构教程》的配套教材，也可作为研究生及成人教育、在职人员培训、高等教育自学人员和从事相关专业的教师与科技人员深入学习计算机组成原理和计算机系统结构的参考用书。

图书在版编目(CIP)数据

计算机组成与结构实验实训教程/姚玉霞，蔡建培，邓蕾蕾主编. —北京：北京大学出版社，2012.11

(21 世纪全国应用型本科计算机案例型规划教材)

ISBN 978-7-301-21367-4

Ⅰ. ①计…　Ⅱ. ①姚…②蔡…③邓…　Ⅲ. ①计算机体系结构—实验—高等学校—教材　Ⅳ. ①TP303-33

中国版本图书馆 CIP 数据核字(2012)第 236468 号

书　　名：计算机组成与结构实验实训教程

著作责任者：姚玉霞　蔡建培　邓蕾蕾　主编

策 划 编 辑：郑　双　程志强

责 任 编 辑：郑　双

标 准 书 号：ISBN 978-7-301-21367-4/TP・1253

出 版 发 行：北京大学出版社

地　　址：北京市海淀区成府路 205 号　100871

网　　址：http://www.pup.cn　新浪官方微博：@北京大学出版社

电　　话：邮购部 62752015　发行部 62750672　编辑部 62750667　出版部 62754962

电 子 信 箱：pup_6@163.com

印 刷 者：北京鑫海金澳胶印有限公司

经 销 者：新华书店

787 毫米×1092 毫米　16 开本　11 印张　239 千字

2012 年 11 月第 1 版　　2012 年 11 月第 1 次印刷

定　　价：22.00 元

《计算机组成与结构实验实训教程》编委会名单

信息技术的案例型教材建设

(代丛书序)

刘瑞挺

北京大学出版社第六事业部在 2005 年组织编写了《21 世纪全国应用型本科计算机系列实用规划教材》，至今已出版了 50 多种。这些教材出版后，在全国高校引起热烈反响，可谓初战告捷。这使北京大学出版社的计算机教材市场规模迅速扩大，编辑队伍茁壮成长，经济效益明显增强，与各类高校师生的关系更加密切。

2008 年 1 月北京大学出版社第六事业部在北京召开了“21 世纪全国应用型本科计算机案例型教材建设和教学研讨会”。这次会议为编写案例型教材做了深入的探讨和具体的部署，制定了详细的编写目的、丛书特色、内容要求和风格规范。在内容上强调面向应用、能力驱动、精选案例、严把质量；在风格上力求文字精练、脉络清晰、图表明快、版式新颖。这次会议吹响了提高教材质量第二战役的进军号。

案例型教材真能提高教学的质量吗？

是的。著名法国哲学家、数学家勒内·笛卡儿(Rene Descartes，1596—1650)说得好：“由一个例子的考察，我们可以抽出一条规律。(From the consideration of an example we can form a rule.)”事实上，他发明的直角坐标系，正是通过生活实例而得到的灵感。据说是在 1619 年夏天，笛卡儿因病住进医院。中午他躺在病床上，苦苦思索一个数学问题时，忽然看到天花板上有一只苍蝇飞来飞去。当时天花板是用木条做成正方形的格子。笛卡儿发现，要说出这只苍蝇在天花板上的位置，只需说出苍蝇在天花板上的第几行和第几列。当苍蝇落在第四行、第五列的那个正方形时，可以用(4，5)来表示这个位置……由此他联想到可用类似的办法来描述一个点在平面上的位置。他高兴地跳下床，喊着“我找到了，找到了”，然而不小心把国际象棋撒了一地。当他的目光落到棋盘上时，又兴奋地一拍大腿：“对，对，就是这个图”。笛卡儿锲而不舍的毅力，苦思冥想的钻研，使他开创了解析几何的新纪元。千百年来，代数与几何，井水不犯河水。17 世纪后，数学突飞猛进的发展，在很大程度上归功于笛卡儿坐标系和解析几何学的创立。

这个故事，听起来与阿基米德在浴缸洗澡而发现浮力原理，牛顿在苹果树下遇到苹果落到头上而发现万有引力定律，确有异曲同工之妙。这就证明，一个好的例子往往能激发灵感，由特殊到一般，联想出普遍的规律，即所谓的“一叶知秋”、“见微知著”的意思。

回顾计算机发明的历史，每一台机器、每一颗芯片、每一种操作系统、每一类编程语言、每一个算法、每一套软件、每一款外部设备，无不像闪光的珍珠串在一起。每个案例都闪烁着智慧的火花，是创新思想不竭的源泉。在计算机科学技术领域，这样的案例就像大海岸边的贝壳，俯拾皆是。

事实上，案例研究(Case Study)是现代科学广泛使用的一种方法。Case 包含的意义很广：包括 Example 例子，Instance 事例、示例，Actual State 实际状况，Circumstance 情况、事件、境遇，甚至 Project 项目、工程等。

我们知道在计算机的科学术语中，很多是直接来自日常生活的。例如 Computer 一词早在 1646 年就出现于古代英文字典中，但当时它的意义不是“计算机”而是“计算工人”，即专门从事简单计算的工人。同理，Printer 当时也是“印刷工人”而不是“打印机”。正是由于这些“计算工人”和“印刷工人”常出现计算错误和印刷错误，才激发查尔斯·巴贝奇(Charles Babbage，1791—1871)设计了差分机和分析机，这是最早的专用计算机和通用计算机。这位英国剑桥大学数学教授、机械设计专家、经济学家和哲学家是国际公认的“计算机之父”。

20 世纪 40 年代，人们还用 Calculator 表示计算机器。到电子计算机出现后，才用 Computer 表示计算机。此外，硬件(Hardware)和软件(Software)来自销售人员。总线(Bus)就是公共汽车或大巴，故障和排除故障源自格瑞斯·霍普(Grace Hopper，1906—1992)发现的“飞蛾子”(Bug)和“抓蛾子”或“抓虫子”(Debug)。其他如鼠标、菜单……不胜枚举。至于哲学家进餐问题，理发师睡觉问题更是操作系统文化中脍炙人口的经典。

以计算机为核心的信息技术，从一开始就与应用紧密结合。例如，ENIAC 用于弹道曲线的计算，ARPANET 用于资源共享以及核战争时的可靠通信。即使是非常抽象的图灵机模型，也受益于二战时图灵博士破译纳粹密码工作的关系。

在信息技术中，既有许多成功的案例，也有不少失败的案例；既有先成功而后失败的案例，也有先失败而后成功的案例。好好研究它们的成功经验和失败教训，对于编写案例型教材有重要的意义。

我国正在实现中华民族的伟大复兴，教育是民族振兴的基石。改革开放 30 年来，我国高等教育在数量上、规模上已有相当的发展。当前的重要任务是提高培养人才的质量，必须从学科知识的灌输转变为素质与能力的培养。应当指出，大学课堂在高新技术的武装下，利用 PPT 进行的“高速灌输”、“翻页宣科”有愈演愈烈的趋势，我们不能容忍用“技术”绑架教学，而是让教学工作乘信息技术的东风自由地飞翔。

本系列教材的编写，以学生就业所需的专业知识和操作技能为着眼点，在适度的基础知识与理论体系覆盖下，突出应用型、技能型教学的实用性和可操作性，强化案例教学。本套教材将会有机融入大量最新的示例、实例以及操作性较强的案例，力求提高教材的趣味性和实用性，打破传统教材自身知识框架的封闭性，强化实际操作的训练，使本系列教材做到“教师易教，学生乐学，技能实用”。有了广阔的应用背景，再造计算机案例型教材就有了基础。

我相信北京大学出版社在全国各地高校教师的积极支持下，精心设计，严格把关，一定能够建设出一批符合计算机应用型人才培养模式的、以案例型为创新点和兴奋点的精品教材，并且通过一体化设计、实现多种媒体有机结合的立体化教材，为各门计算机课程配齐电子教案、学习指导、习题解答、课程设计等辅导资料。让我们用锲而不舍的毅力，勤奋好学的钻研，向着共同的目标努力吧！

刘瑞挺教授　本系列教材编写指导委员会主任、全国高等院校计算机基础教育研究会副会长、中国计算机学会普及工作委员会顾问、教育部考试中心全国计算机应用技术证书考试委员会副主任、全国计算机等级考试顾问。曾任教育部理科计算机科学教学指导委员会委员、中国计算机学会教育培训委员会副主任。PC Magazine《个人电脑》总编辑、CHIP《新电脑》总顾问、清华大学《计算机教育》总策划。

前　言

实验是掌握科学的重要手段。“计算机组成与结构”是一门实践性很强的计算机专业基础课程，上机实验是学习过程中不可缺少的重要环节。通过上机实验，可以加深学生对计算机基本概念和硬件组成、软件应用的理解，又可培养学生设计与应用计算机的能力。

“计算机组成与结构”是计算机和计算机类专业学生的主干必修课程之一，它用层次结构的观点，以信息加工和信息处理为主线，讨论了计算机的一般结构和工作原理。通过理论教学和实验教学，使学生掌握计算机系统中各大部分的组成结构与工作原理、逻辑实现、设计方法及互连构成整机的技术。

“计算机组成与结构”也是一门实践性很强的课程，在教学中既应重视课堂理论又应重视实验实践教学。通过在实验中的动手来促进动脑，其目的是加强学生计算机基础实践技术和工程设计技术的训练，培养和提高学生的基本操作技能和实践动手能力，加强学生对计算机各大部件组成与结构、逻辑实现、设计方法与互连构成整机的技术的理解，使其掌握数据信息、控制信息的流向和时序控制的过程，从而培养学生在硬件系统的分析、设计、调试、开发、使用和维护计算机系统的能力。

根据实验大纲的要求和实际的实验环境，本书设计了在“EL-JY-Ⅱ计算机组成原理实验系统”和“SHICE—2 计算机组成原理实验系统”两个系统下的共十九个实验，其中，SHICE—2 计算机组成原理实验系统的实验内容可以作为课程设计案例。该实验教程对每个实验都提出了实验目的、实验内容、实验步骤和实验结果要求。通过这些实践性和综合性较强的实验和设计，使学生对计算机的运算器、控制器、存储器、输入设备、输出设备、I/O 接口的结构和计算机组成的原理有全面和清楚的认识，并掌握中断的原理和中断接口的结构。

本书为吉林省高等学校精品课程“计算机组成与结构”配套使用教材。

本书可供普通高等本科院校学生使用，可作为具有上述两种实验平台设备的配套实验教材，也可作为从事科研及相关专业课程教学人员的实验、实习用书。

由于编者业务水平有限，书中难免存在一些疏漏，恳请读者批评指正。

编　者

目　录

实验一　EL-JY-Ⅱ实验系统的运算器实验

一、实验目的

(1) 掌握运算器的组成及工作原理；

(2) 了解 4 位函数发生器 74LS181 的组合功能，熟悉运算器执行算术操作和逻辑操作的具体实现过程；

(3) 验证带进位控制的 74LS181 的功能。

二、预习要求

(1) 复习本次实验所用的各种数字集成电路的性能及工作原理；

(2) 先预习附录一部分，预习实验步骤，了解实验中要求的注意点。

三、实验设备

EL-JY-II 型计算机组成原理实验系统　套，排线若干。

四、电路组成

本模块由算术逻辑单元 ALU 74LS181(U7、U8、U9、U10)、暂存器 74LS273(U3、U4、U5、U6)、三态门 74LS244(U11、U12)和控制电路(集成于 EP1K10 内部)等组成。电路如图 1-1(a)、图 1-1(b)、图 1-1(c)所示。

算术逻辑单元 ALU 由 4 片 74LS181 构成。74LS181 的功能控制条件由 S3、S2、S1、S0、M、Cn 决定。高电平方式的 74LS181 的功能、管脚分配和引出端功能符号如表 1-1 和图 1-2 所示。

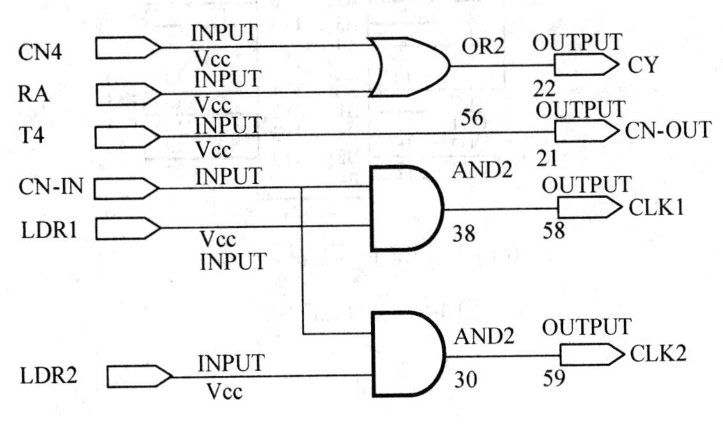

(a) ALU 控制电路

图 1-1　ALU 电路

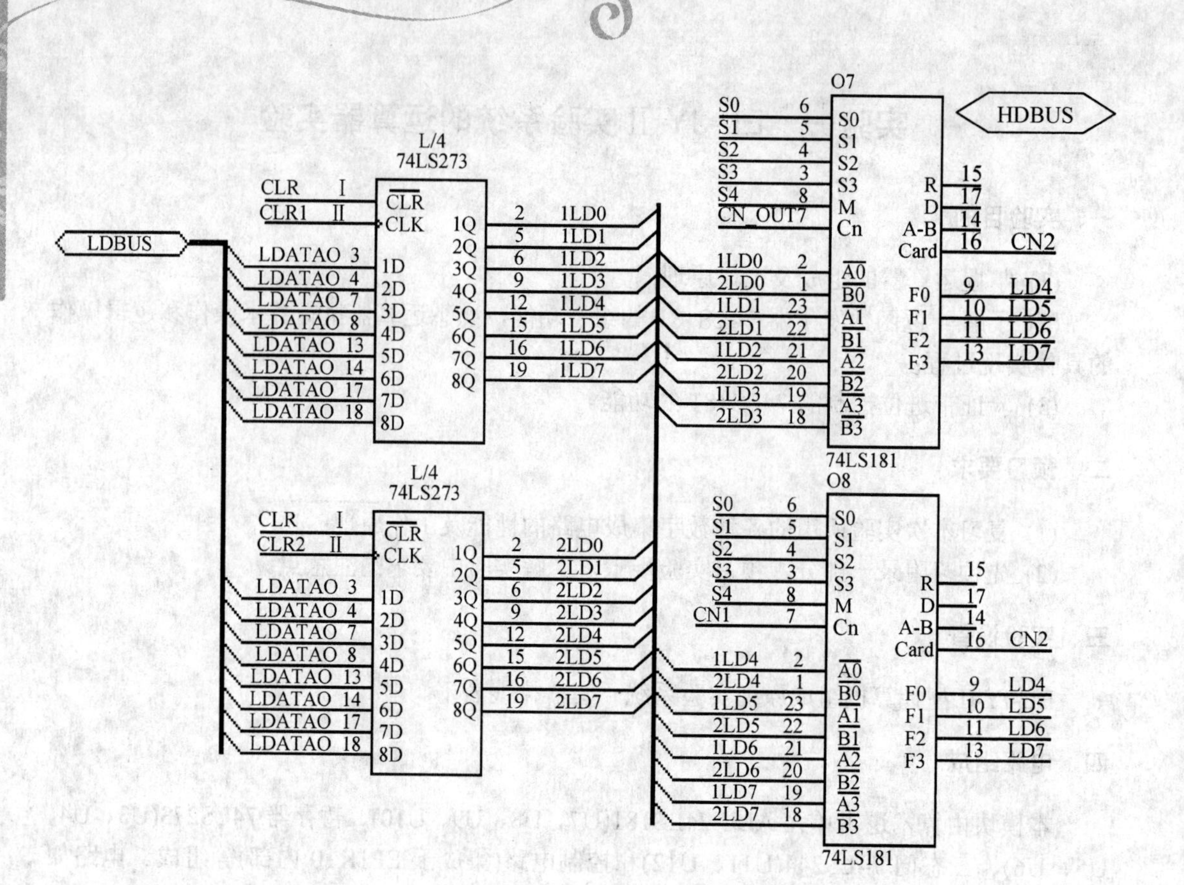

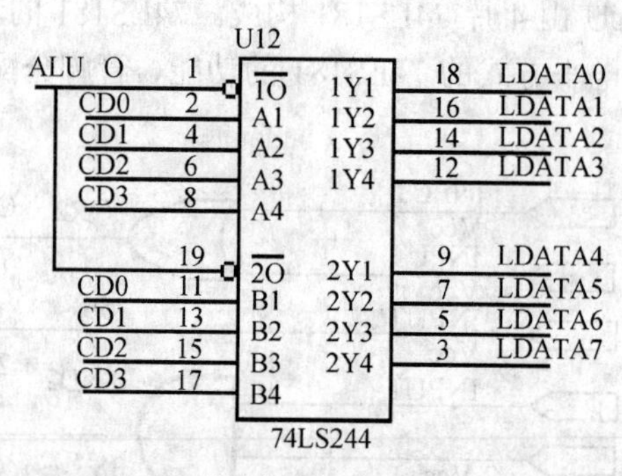

(b) ALU 电路的算数运算单元

图 1-1 ALU 电路(续)

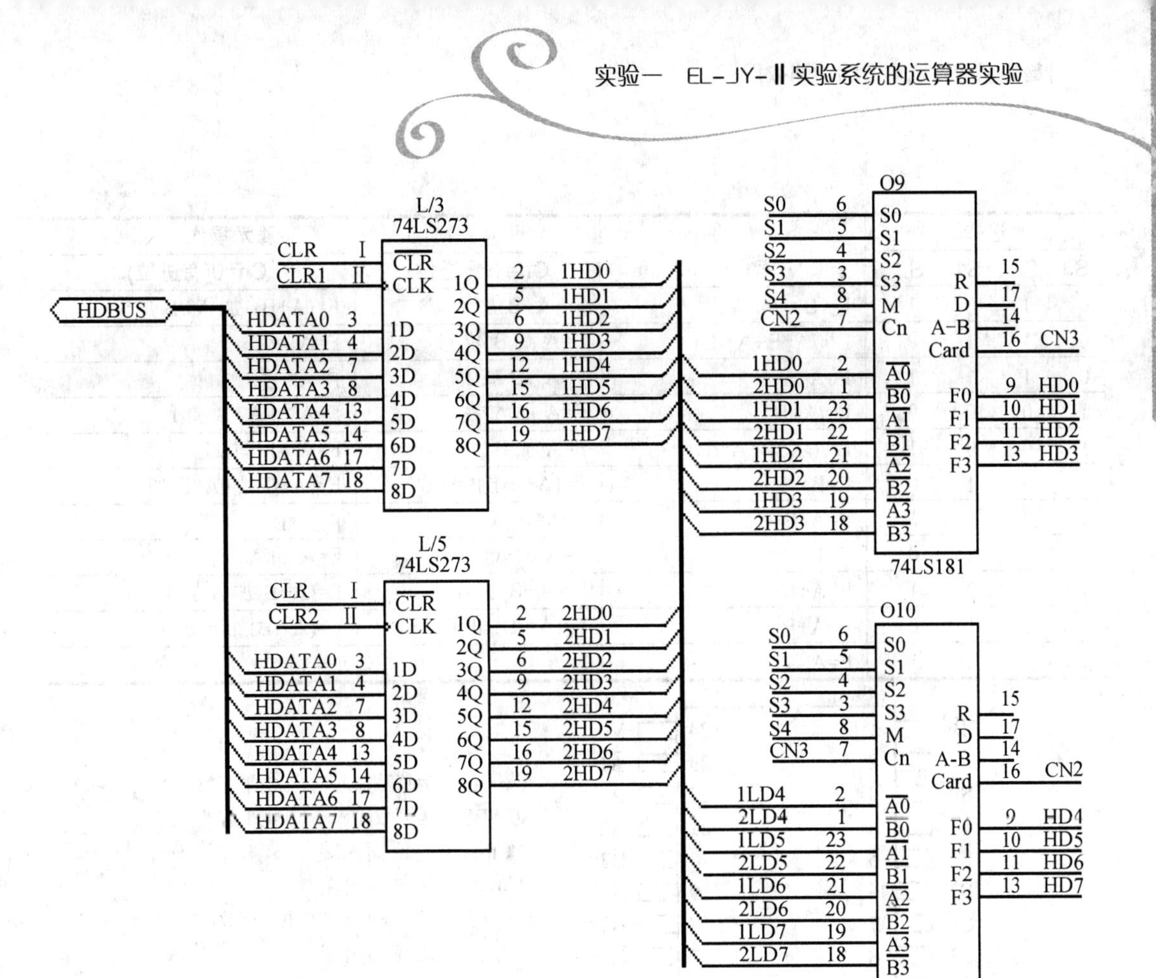

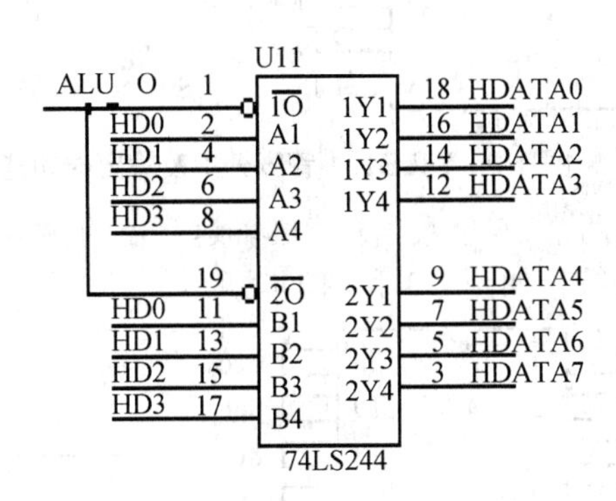

(c) ALU电路的暂存和控制单元

图 1-1　ALU 电路(续)

表 1-1　74LS181 功能

选择				M=1	M=0 算术操作	
S3	S2	S1	S0	逻辑操作	Cn=1(无进位)	Cn=0(有进位)
0	0	0	0	F=/A	F=A	F=A 加 1
0	0	0	1	F=/(A+B)	F=A+B	F=(A+B)加 1
0	0	1	0	F=/A*B	F=A+/B	F=(A+/B)加 1
0	0	1	1	F=0	F=−1	F=0
0	1	0	0	F=/(A*B)	F=A 加 A*/B	F=A 加 A*/B 加 1

续表

选择				M=1	M=0	算术操作
S3	S2	S1	S0	逻辑操作	Cn=1(无进位)	Cn=0(有进位)
0	1	0	1	F=/B	F=(A+B)加 A*/B	F=(A+B) 加 A*/B 加 1
0	1	1	0	F=(/A*B+A*/B)	F=A 减 B 减 1	F=A 减 B
0	1	1	1	F=A*/B	F=A*/B 减 1	F=A*/B
1	0	0	0	F=/A+B	F=A 加 A*B	F=A 加 A *B 加 1
1	0	0	1	F=/(/A*B+A*/B)	F=A 加 B	F=A 加 B 加 1
1	0	1	0	F=B	F=(A+/B)加 A*B	F=(A+/B)加 A*B 加 1
1	0	1	1	F=A*B	F=A*B 减 1	F=A*B
1	1	0	0	F=1	F=A 加 A	F=A 加 A 加 1
1	1	0	1	F=A+/B	F=(A+B)加 A	F=(A+B)加 A 加 1
1	1	1	0	F=A+B	F=(A+/B)加 A	F=(A+/B)加 A 加 1
1	1	1	1	F=A	F=A 减 1	F=A

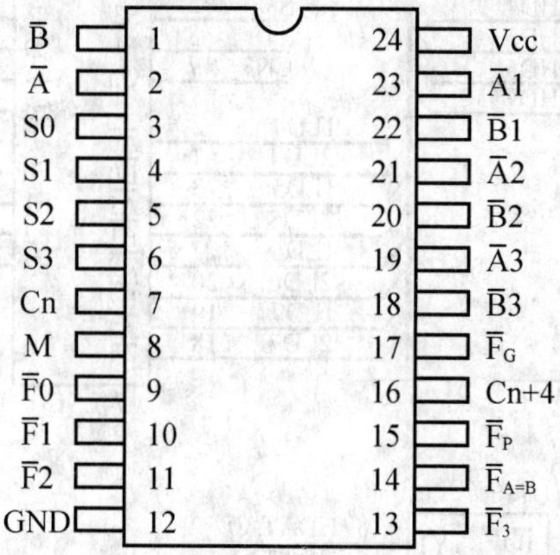

引脚名	引脚号	引脚号	引脚名
$\overline{B}$	1	24	Vcc
$\overline{A}$	2	23	$\overline{A}1$
S0	3	22	$\overline{B}1$
S1	4	21	$\overline{A}2$
S2	5	20	$\overline{B}2$
S3	6	19	$\overline{A}3$
Cn	7	18	$\overline{B}3$
M	8	17	$\overline{F}_G$
$\overline{F}0$	9	16	Cn+4
$\overline{F}1$	10	15	$\overline{F}_P$
$\overline{F}2$	11	14	$\overline{F}_{A=B}$
GND	12	13	$\overline{F}_3$

A0～A3　运算数输入端(低电平有效)
B0～B3　运算数输入端(低电平有效)
Cn　进位输入端
Cn+4　进位输出端
F0～F3　运算输出端(低电平有效)
$F_{A=B}$　比较输出端
F_G　进位产生输出端(低电平有效)
F_P　进位传输输出端(低电平有效)
M　工作方式控制
S0～S3　功能选择

图 1-2　74LS181 管脚分配及输出端功能符号

4 片 74LS273 构成两个 16 位数据暂存器，运算器的输出采用三态门 74LS244。它们的管脚分配和引出端功能符号如图 1-3 和图 1-4 所示。

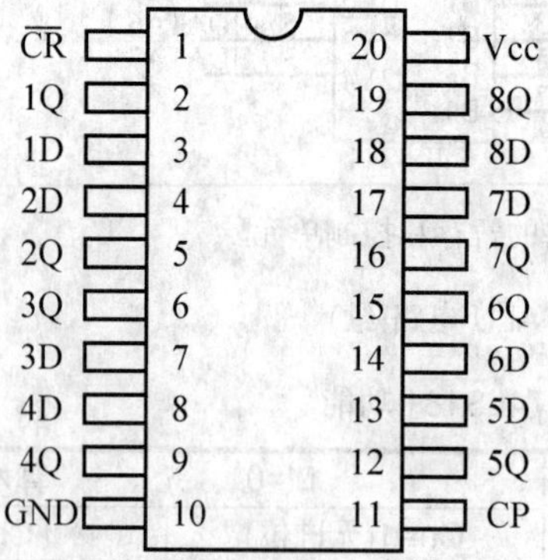

引脚名	引脚号	引脚号	引脚名
$\overline{CR}$	1	20	Vcc
1Q	2	19	8Q
1D	3	18	8D
2D	4	17	7D
2Q	5	16	7Q
3Q	6	15	6Q
3D	7	14	6D
4D	8	13	5D
4Q	9	12	5Q
GND	10	11	CP

(a) 74LS273 管脚分配

输入			输出
$\overline{CR}$	CP	D	Q
L	×	×	L
H	↑	H	H
H	↑	L	L
H	L	×	Q_0

(b) 74LS273 功能

图 1-3　74LS273 管脚分配及功能

74LS181 功能见表 1-1，其中符号“+”表示逻辑“或”运算，符号“*”表示逻辑“与”运算，符号“/”表示逻辑“非”运算，符号“加”表示算术加运算，符号“减”表示算术减运算。

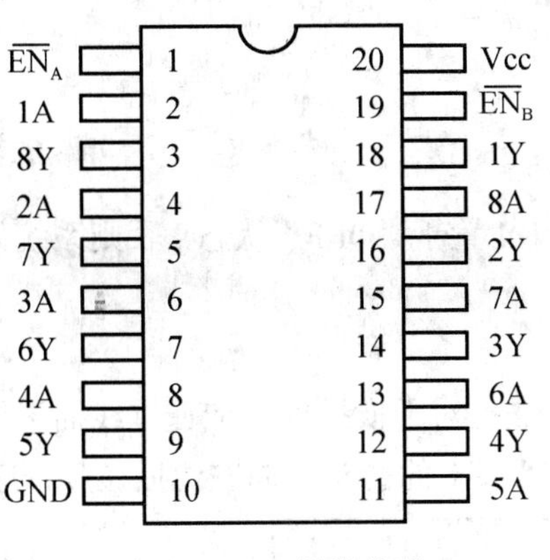

(a) 74LS244 管脚分配

输入		输出
EN	A	Y
L	L	L
L	H	H
H	×	Z

H——高电平
L——低电平
×——任意
Z——高阻

(b) 74LS244 功能

图 1-4　74LS244 管脚分配及功能

五、工作原理

运算器的结构如图 1-5 所示。

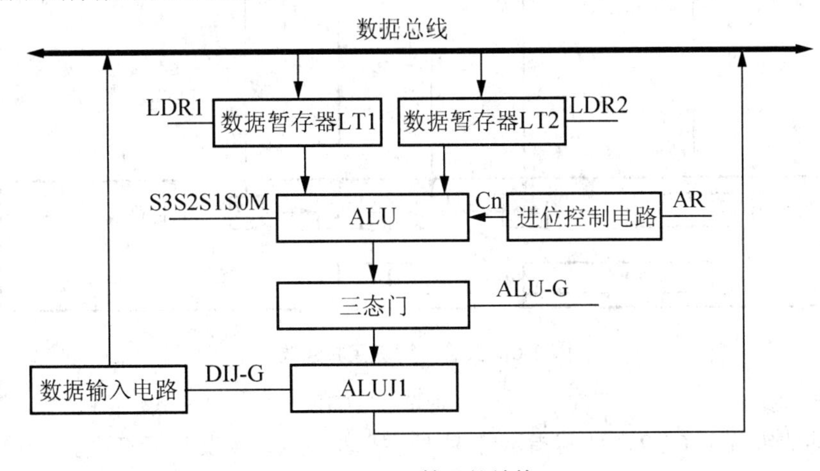

图 1-5　运算器的结构

算术逻辑单元 ALU 是运算器的核心。集成电路 74LS181 是 4 位运算器，4 片 74LS181 以并/串形式构成 16 位运算器，它可以对两个 16 位二进制数进行多种算术运算或逻辑运算。74LS181 有高电平和低电平两种工作方式，高电平方式采用原码输入输出，低电平方式采用反码输入输出，这里采用高电平方式。

三态门 74LS244 作为输出缓冲器由 ALU-G 信号控制，ALU-G 为“0”时，三态门开通，此时其输出等于其输入；ALU-G 为“1”时，三态门关闭，此时其输出呈高阻。

4 片 74LS273 作为两个 16 位数据暂存器，其控制信号分别为 LDR1 和 LDR2，当 LDR1 和 LDR2 为高电平有效时，在 T4 脉冲的前沿，总线上的数据被送入暂存器保存。

六、实验内容

验证 74LS181 运算器的逻辑运算功能和算术运算功能。

七、实验步骤

1. 单片机键盘控制操作方式实验

在进行单片机键盘控制实验时，必须把开关 K4 置于“OFF”状态，否则系统处于自锁状态，无法进行实验。

1) 实验连线(键盘实验)

实验连线如图 1-6 所示。连线时应按如下方法：对于横排座，应使排线插头上的箭头面向自己插在横排座上；对于竖排座，应使排线插头上的箭头面向左边插在竖排座上。

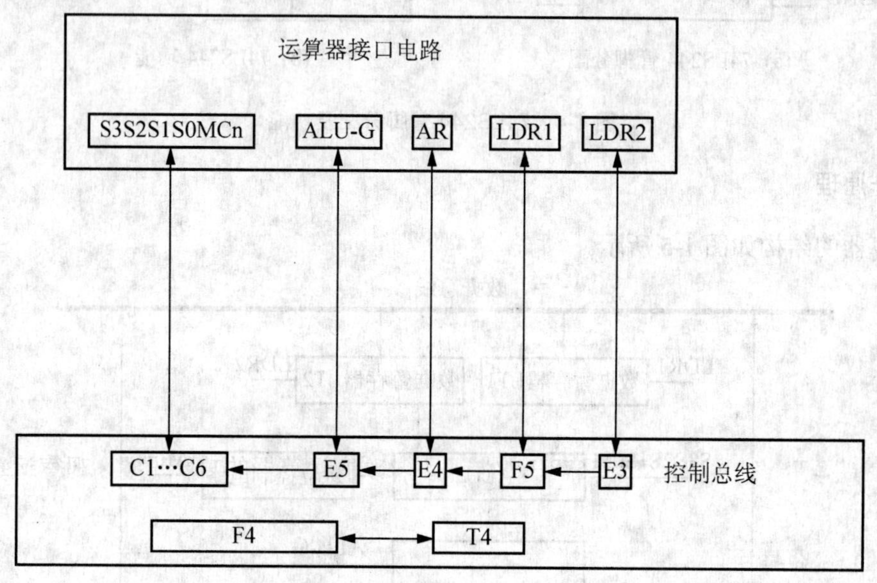

图 1-6 实验一键盘实验连线

2) 实验步骤

(1) 拨动清零开关 CLR，使其指示灯灭。再拨动 CLR，使其指示灯亮。

(2) 在监控滚动显示【CLASS SELECT】时按【实验选择】键，显示【ES--_ _】输入 01 或 1，按【确认】键，监控显示【ES01】，表示准备进入实验一程序，也可按【取消】键来取消上一步操作，重新输入。

(3) 再按【确认】键，进入实验一程序，监控显示【InSt--】，提示输入运算指令，输入两位十六进制数(表 1-1，表 1-2)，选择执行哪种运算操作，按【确认】键。

表 1-2 运算指令关系对照表

运算指令(S3	S2	S1	S0)	输入数据(十六进制)
0	0	0	0	00 或 0
0	0	0	1	01 或 1
0	0	1	0	02 或 2
0	0	1	1	03 或 3
0	1	0	0	04 或 4
0	1	0	1	05 或 5

续表

运算指令(S3	S2	S1	S0)	输入数据(十六进制)
0	1	1	0	06 或 6
0	1	1	1	07 或 7
1	0	0	0	08 或 8
1	0	0	1	09 或 9
1	0	1	0	0A 或 A
1	0	1	1	0B 或 B
1	1	0	0	0C 或 C
1	1	0	1	0D 或 D
1	1	1	0	0E 或 E
1	1	1	1	0F 或 F

(4) 监控显示【Lo=0】，此处 Lo 相当于表 1-1 中的 M，默认为“0”，进行算术运算，也可以输入“1”，进行逻辑运算。按【确认】键，显示【Cn=0】，默认为“0”，由表 1-1 可知，此时进行带进位运算；也可输入“1”进行不带进位运算(如前面选择为逻辑运算，则 Cn 不起作用)。按【确认】键，显示【Ar=1】，使用默认值“1”，关闭进位输出。也可输入“0”，打开进位输出。再按【确认】键。

(5) 监控显示【DATA】，提示输入第一个数据，输入十六进制数“1234H”，按【确认】键，显示【DATA】，提示输入第二个数据，输入十六进制数“5678H”，按【确认】键，监控显示【FINISH】，表示运算结束。可从数据总线显示灯观察运算结果，CY 指示灯显示进位输出的结果。按【确认】键后监控显示【ES01】，可执行下一运算操作。

在给定 LT1=1234H、LT2=5678H 的情况下，改变运算器的功能设置，观察运算器的输出，填入表 1-3 中，并和理论值进行比较和验证。

表 1-3　运算器结果输出

LT1	LT2	S3S2S1S0	M=0(算术运算)		M=1(逻辑运算)
			Cn=1(无进位)	Cn=0(有进位)	
1234H	5678H	00 或 0	F=	F=	F=
		01 或 1	F=	F=	F=
		02 或 2	F=	F=	F=
		03 或 3	F=	F=	F=
		04 或 4	F=	F=	F=
		05 或 5	F=	F=	F=
		06 或 6	F=	F=	F=
		07 或 7	F=	F=	F=
		08 或 8	F=	F=	F=
		09 或 9	F=	F=	F=
		0A 或 A	F=	F=	F=
		0B 或 B	F=	F=	F=
		0C 或 C	F=	F=	F=
		0D 或 D	F=	F=	F=
		0E 或 E	F=	F=	F=
		0F 或 F	F=	F=	F=

2. 开关控制操作方式实验

为了避免总线冲突，首先将控制开关电路的 ALU-G 和 C-G 拨到输出高电平“1”状态(所对应的指示灯亮)。本实验中所有控制开关拨动，相应指示灯亮代表高电平“1”，指示灯灭代表低电平“0”。

1) 实验连线

实验连线如图 1-7 所示。连线时应注意：为了使连线统一，对于横排座，应使排线插头上的箭头面向自己插在横排座上；对于竖排座，应使排线插头上的箭头面向左边插在竖排座上。

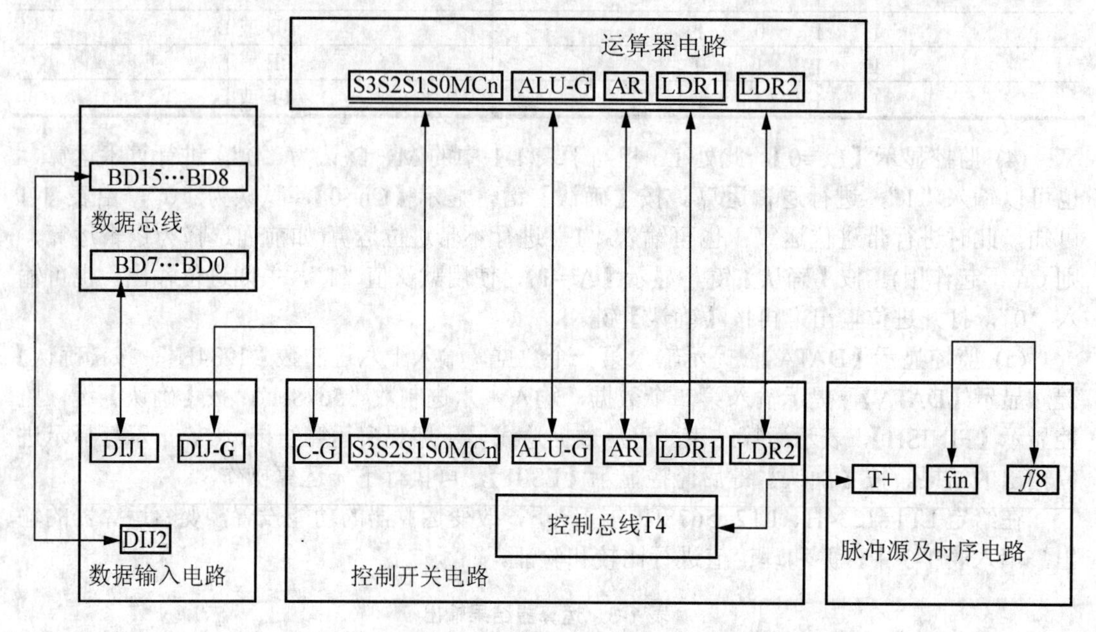

图 1-7 实验一开关实验连线

2) 通过数据输入电路的拨动开关向两个数据暂存器中置数

注意 本实验中 ALU-G 和 C-G 不能同时为“0”，否则会造成总线冲突，损坏芯片。故每次实验时应时刻保持只有一路与总线相通。

(1) 拨动清零开关 CLR，使其指示灯灭。再拨动 CLR，使其指示灯亮。置 ALU-G＝1，关闭 ALU 的三态门；再置 C-G=0，打开数据输入电路的三态门。

(2) 向数据暂存器 LT1(U3、U4)中置数：

① 设置数据输入电路的数据开关“D15～D0”为要输入的数值；

② 置 LDR1＝1 使数据暂存器 LT1(U3、U4)的控制信号有效，置 LDR2＝0 使数据暂存器 LT2(U5、U6)的控制信号无效；

③ 按一下脉冲源及时序电路的【单脉冲】键，给暂存器 LT1 送时钟，上升沿有效，把数据存入 LT1 中。

(3) 向数据暂存器 LT2(U5、U6)中置数：

① 设置数据输入电路的数据开关“D15～D0”为想要输入的数值；

② 置 LDR1＝0 使数据暂存器 LT1 的控制信号无效，置 LDR2＝1 使数据暂存器 LT2 的控制信号有效；

③ 按一下脉冲源及时序电路的【单脉冲】键，给数据暂存器 LT2 送时钟，上升沿有效，把数据存在 LT2 中；

④ 置 LDR1＝0、LDR2＝0，使数据暂存器 LT1、LT2 的控制信号无效。

(4) 检验两个数据暂存器 LT1 和 LT2 中的数据是否正确：

① 置 C-G=1，关闭数据输入电路的三态门，然后再置 ALU-G=0，打开 ALU 的三态门；

② 置“S3S2S1S0M”为“11111”，数据总线显示灯显示数据暂存器 LT1 中的数 ，表示往暂存器 LT1 置数正确；

③ 置“S3S2S1S0M”为“10101”，数据总线显示灯显示数据暂存器 LT2 中的数，表示往暂存器 LT2 置数正确。

3) 验证 74LS181 的算术和逻辑功能

按实验步骤 2)往两个数据暂存器 LT1 和 LT2 分别存十六进制数“1234H”和“5678H”，在给定 LT1=1234H、LT2=5678H 的情况下，通过改变“S3S2S1S0MCn”的值来改变运算器的功能设置，通过数据总线显示灯显示来读出运算器的输出值 F，填入表 1-4 中，参考表 1-1 中 74LS181 功能，分析输出的 F 值是否正确。分别将“AR”开关拨到“1”和“0”的状态，观察进位指示灯“CY”的变化并分析原因。

表 1-4　74LS181 的算术和逻辑功能

LT1	LT2	S3	S2	S1	S0	M=0(算术运算)		M=1(逻辑运算)
						Cn=1(无进位)	Cn= 0(有进位)	
1234H	5678H	0	0	0	0	F=	F=	F=
		0	0	0	1	F=	F=	F=
		0	0	1	0	F=	F=	F=
		0	0	1	1	F=	F=	F=
		0	1	0	0	F=	F=	F=
		0	1	0	1	F=	F=	F=
		0	1	1	0	F=	F=	F=
		0	1	1	1	F=	F=	F=
		1	0	0	0	F=	F=	F=
		1	0	0	1	F=	F=	F=
		1	0	1	0	F=	F=	F=
		1	0	1	1	F=	F=	F=
		1	1	0	0	F=	F=	F=
		1	1	0	1	F=	F=	F=
		1	1	1	0	F=	F=	F=
		1	1	1	1	F=	F=	F=

八、实验报告要求

(1) 实验记录：所有的运算结果、故障现象及排除经过；

(2) 通过本次实验得到的收获及想法。

实验二　EL-JY-Ⅱ实验系统的移位运算实验

一、实验目的

掌握移位控制的功能及工作原理。

二、预习要求

了解移位寄存器的功能及用 FPGA 的实现方法。

三、实验设备

EL-JY-II 型计算机组成原理实验系统一套，排线若干。

四、工作原理

移位运算实验电路结构如图 2-1 所示。

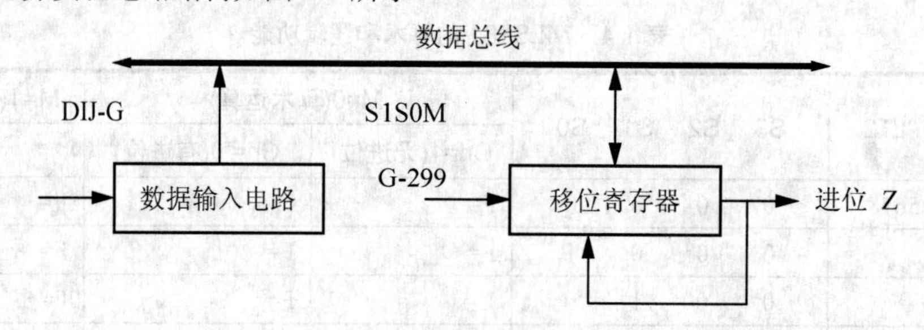

图 2-1　移位运算实验电路结构

移位运算实验电路的功能由 S1、S0、M 控制，具体功能如表 2-1 所示。

表 2-1　移位运算实验电路的功能

G-299	S1	S0	M	单步	功　能
0	0	0	×	↑	保持
0	1	0	0	↑	循环右移
0	1	0	1	↑	带进位循环右移
0	0	1	0	↑	循环左移
0	0	1	1	↑	带进位循环左移
1	1	1	×	↑	置数(进位保持)
0	1	1	0	↑	置数(进位清零)
0	1	1	1	↑	置数(进位置 1)

五、实验内容

输入数据，利用移位寄存器进行移位操作。

六、实验步骤

1. 单片机键盘控制操作方式实验。

在进行单片机键盘控制实验时，必须把 K4 开关置于“OFF”状态，否则系统处于自锁状态，无法进行实验。

1) 实验连线

实验连线如图 2-2 所示。连线时应按如下方法：为了使连线统一，对于横排座，应使排线插头上的箭头面向自己插在横排座上；对于竖排座，应使排线插头上的箭头面向左边插在竖排座上。

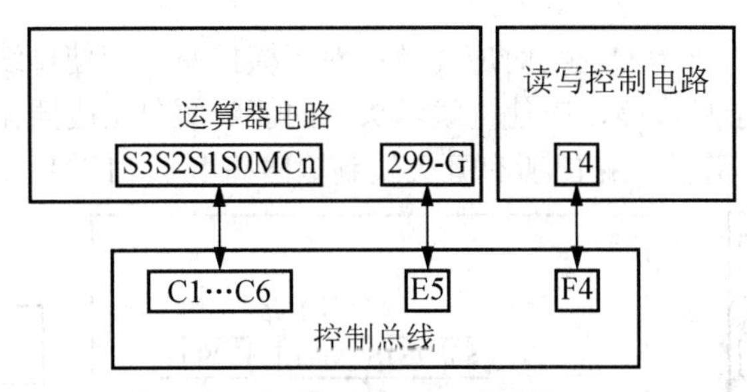

图 2-2 实验二键盘实验连线

注意 F4 只用一个排线插头孔。

2) 实验过程

(1) 拨动清零开关 CLR，使其指示灯灭。再拨动 CLR，使其指示灯亮。在监控指示灯滚动显示【CLASS SELECT】时按【实验选择】键，显示【ES--_ _】输入 02 或 2，按【确认】键，监控指示灯显示【ES02】，表示准备进入实验二程序，也可按【取消】键来取消上一步操作，重新输入。

(2) 再按【确认】键，进入实验二程序，显示【E1E0--】，提示输入操作指令(参考表 2-1，E1E0 相当于 G-299，二进制，“11”为关闭输出，“00”为允许输出)，输入二进制数“11”，关闭输出，在输入过程中，可按【取消】键进行输入修改。再按【确认】键。

(3) 监控指示灯显示【Lo=0】，可输入二进制数“0”或“1”，此处 Lo 相当于表 2-1 中的 M，即控制是否带进位进行移位，默认为“0”，按【确认】键。

(4) 监控指示灯显示【S0S1--】，提示输入移位控制指令(表 2-1)，输入二进制数“11”，对寄存器进行置数操作，按【确认】键。

(5) 监控指示灯显示【DATA】，提示输入要移位的数据，输入十六进制数“0001”，按【确认】键，显示【PULSE】，此时按【单步】键，将数据存入移位寄存器，可对它进行移位控制。

(6) 监控指示灯显示【ES02】，按【确认】键，进行移位操作。显示【E1E0--】，提示输入操作指令(E1E0 同上)，输入二进制数“00”，允许输出，按【确认】键。

(7) 监控指示灯显示【Lo=0】，和前面一样，输入“0”，选择不带进位操作。按【确认】键，监控指示灯显示【S0S1--】，提示输入移位控制指令(表 2-1)，输入二进制数“01”，表示对输入的数据进行循环右移，显示【PULSE】，按【单步】键，则对十六进制数据“0001”

执行一次右移操作。数据总线显示灯显示“1000000000000000”，再按【单步】键，数据总线显示灯显示“0100 000000000000”，连续按【单步】键，可以单步执行，按【全速】键，监控指示灯显示【Run】，则可连续执行移位操作。观察数据总线显示灯的变化，判断结果是否正确。

(8) 重新置入数据“FFFF”，进行带进位的循环右移，观察数据总线显示灯的变化，判断结果是否正确。

2. 开关控制操作方式实验

本实验中所有控制开关拨动，相应指示灯亮代表高电平“1”，指示灯灭代表低电平“0”。

1) 实验连线

实验连线如图 2-3 所示。连线时应注意：对于横排座，应使排线插头上的箭头面向自己插在横排座上；对于竖排座，应使排线插头上的箭头面向左边插在竖排座上。为了避免总线冲突，首先将控制开关电路的所有开关拨到输出高电平“1”状态，所对应的指示灯亮。

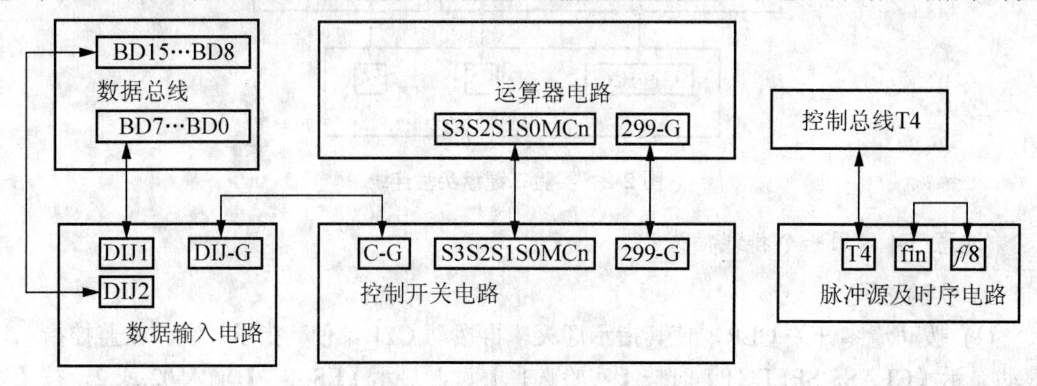

图 2-3　实验二开关实验连线

2) 实验过程(以左移为例)

开始实验前要把所有控制开关电路上的开关置为高电平“1”状态。拨动清零开关 CLR，使其指示灯灭。再拨动 CLR，使其指示灯亮。

(1) 置数：置 C-G＝1、299-G＝1，通过数据输入电路输入要移位的数据，置 D15～D0=“0000000000000001”，然后置 C-G＝0，数据总线显示灯显示“0000000000000001”，置 S0=1、S1=1，由表 2-1 可知，此时为置数状态，按脉冲源及时序电路上的【单步】键，置 C-G=1，完成置数的过程。

(2) 不带进位移位：置 299-G＝0、S0=1、S1=0、M=0，由表 2-1 可知，此时为循环左移状态，数据总线显示灯显示“0000000000000001”，按【单步】键，数据总线显示灯显示“0000000000000010”，再按【单步】键，数据总线显示的数据向左移动一位。连续按【单步】键，观察不带进位移位的过程。如想进行右移，由表 2-1 可知，置 S0=0、S＝1，再按【单步】键即可实现右移操作。

(3) 带进位移位：当数据总线显示灯显示“0000000000000001”，置 299-G＝0、S0=1、S1=0、M=1，由表 2-1 可知，此时为带进位循环左移状态，按【单步】键，数据总线显示灯显示“0000000000000011”，进位指示灯灭，表示进位“1”已经进入移位寄存器，同时

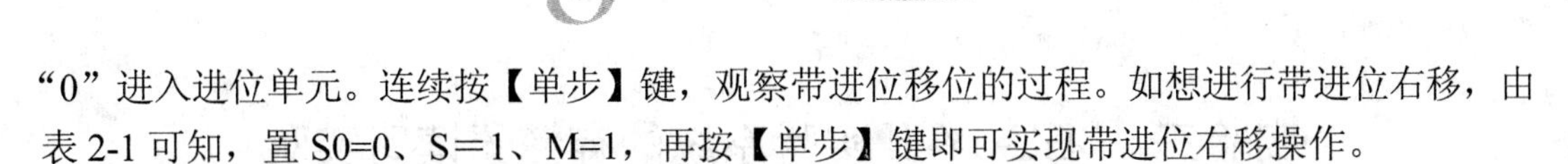

“0”进入进位单元。连续按【单步】键，观察带进位移位的过程。如想进行带进位右移，由表 2-1 可知，置 S0=0、S＝1、M=1，再按【单步】键即可实现带进位右移操作。

3) 实验验证

按以上的操作方法验证表 2-1 所列的移位运算试验电路的所有功能。

七、实验报告要求

(1) 实验记录：所有的运算结果、故障现象及排除经过；

(2) 通过本次实验得到的收获及想法。

实验三　EL-JY-Ⅱ实验系统的存储器读写实验

一、实验目的

(1) 掌握半导体静态随机存储器(RAM)的特性和使用方法；
(2) 掌握地址和数据在计算机总线的传送关系；
(3) 了解运算器和存储器如何协同工作。

二、预习要求

预习半导体静态随机存储器 6116 的功能。

三、实验设备

EL-JY-II 8 型计算机组成原理实验系统一套，排线若干。

四、电路组成

电路如图 3-1 所示，系统平面如图 3-2 所示。6116 的管脚分配和功能如图 3-3 所示。

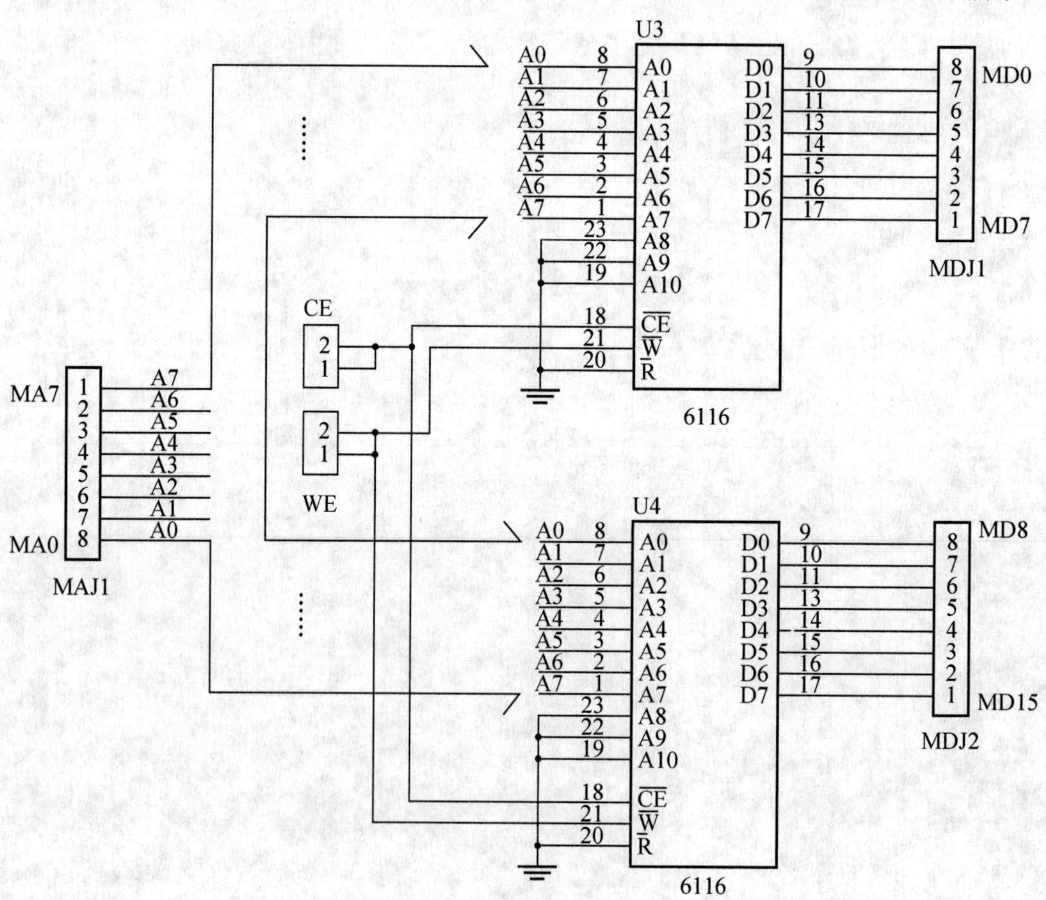

图 3-1　存储器电路

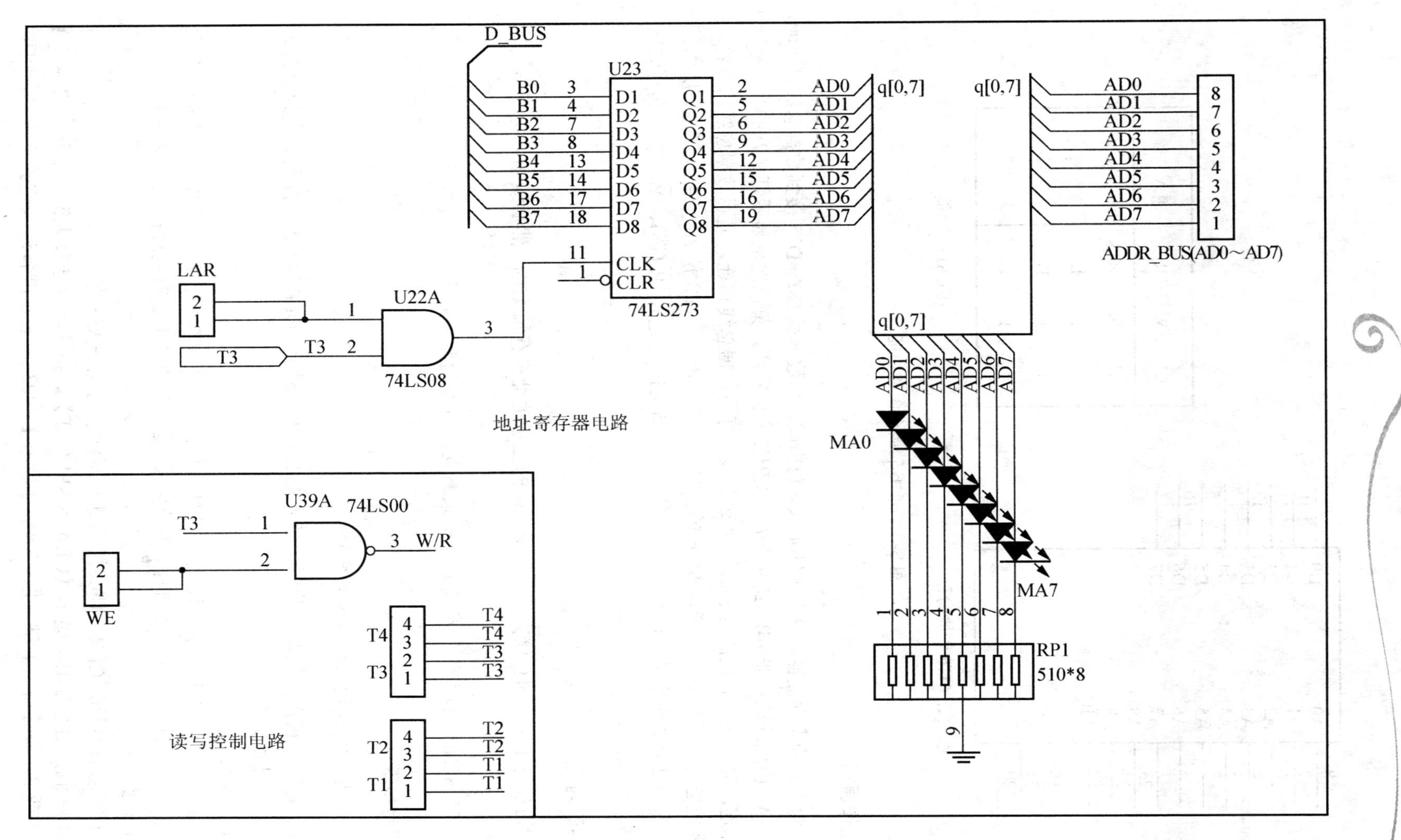
D_BUS
U23
B0
B1
B2
B3
B4
B5
B6
B7
D1
D2
D3
D4
D5
D6
D7
D8
CLK
CLR
Q1
Q2
Q3
Q4
Q5
Q6
Q7
Q8
74LS273
AD0
AD1
AD2
AD3
AD4
AD5
AD6
AD7
q[0,7]
ADDR_BUS(AD0~AD7)
LAR
U22A
T3
74LS08
地址寄存器电路
MA0
MA7
RP1
510*8
U39A
74LS00
W/R
WE
T4
T3
T2
T1
读写控制电路

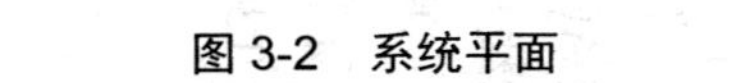
图 3-2　系统平面

引脚	信号	信号	引脚
8	A0	D0	9
7	A1	D1	10
6	A2	D2	11
5	A3	D3	13
4	A4	D4	14
3	A5	D5	15
2	A6	D6	16
1	A7	D7	17
23	A8		
22	A9		
19	A10		
18	$\overline{CE}$		
21	$\overline{W}$		
20	$\overline{R}$		

(a) 6116 管脚分配

CE	W	R	输入、输出
H	×	×	不选择
L	H	L	读
H	L	H	写
L	L	L	写

(b) 6116 功能

图 3-3　6116 管脚分配和功能

五、工作原理

实验中的静态存储器由 2 片 6116(2K×8)构成，其数据线 D0～D15 接到数据总线，地址线 A0～A7 由地址锁存器 74LS273(集成于 EP1K10 内)给出。黄色地址显示灯 A7～A0 与地址总线相连，显示地址总线的内容。绿色数据显示灯与数据总线相连，显示数据总线的内容。

因地址寄存器为 8 位，接入 6116 的地址为 A7～A0，而高 3 位 A8～A10 接地，所以其实际容量为 2^8＝256 字节。6116 有 3 个控制线，即 $\overline{CE}$(片选)、$\overline{R}$(读)、$\overline{W}$(写)。其写时间与 T3 脉冲宽度一致。

六、实验内容

学习静态 RAM 的存储方式，向 RAM 的任意地址里存放数据，然后读出并检查结果是否正确。

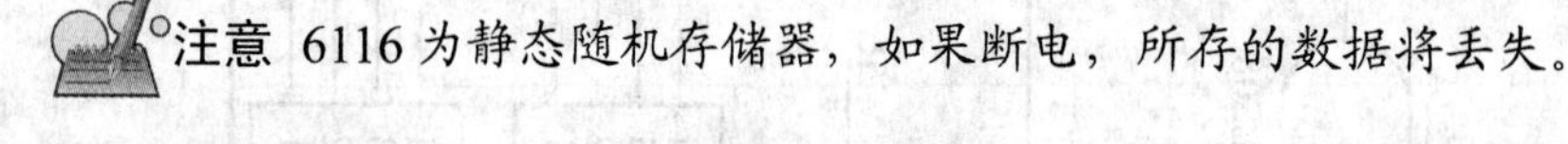

注意　6116 为静态随机存储器，如果断电，所存的数据将丢失。

七、实验步骤

1. 单片机键盘控制操作方式实验

在进行单片机键盘控制实验时，必须把 K4 开关置于“OFF”状态，否则系统处于自锁状态，无法进行实验。

1) 实验连线

实验连线如图 3-4 所示。连线应按如下方法：对于横排座，应使排线插头上的箭头面向自己插在横排座上；对于竖排座，应使排线插头上的箭头面向左边插在竖排座上。

2) 写数据

(1) 拨动清零开关 CLR，使其指示灯显示状态为亮—灭—亮。

(2) 在监控指示灯滚动显示【CLASS SELECT】时按【实验选择】键，显示【ES--_ _】输入 03 或 3，按【确认】键，监控指示灯显示【ES03】，表示准备进入实验三程序，也可按【取消】键来取消上一步操作，重新输入。再按【确认】键，进入实验三程序。

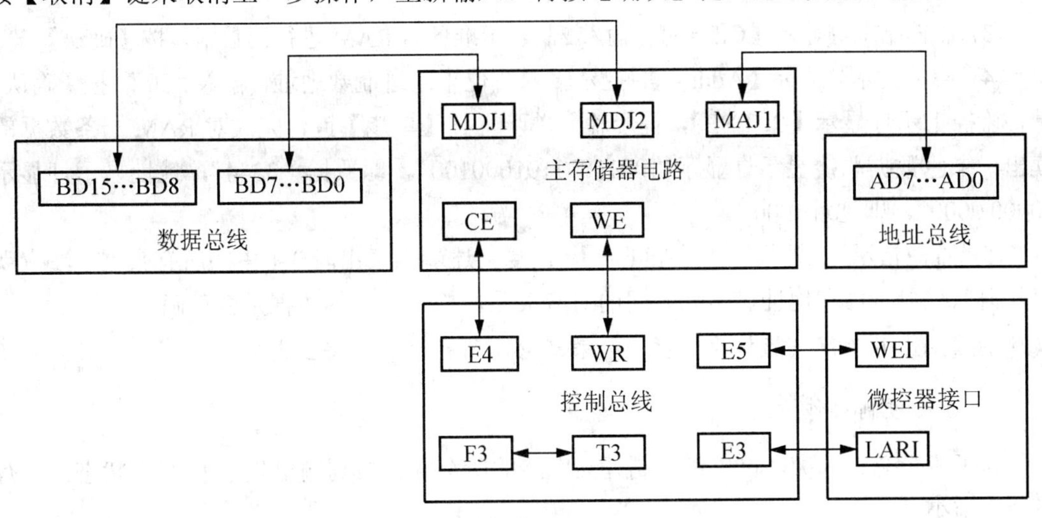

图 3-4　实验三键盘实验连线

(3) 监控指示灯显示【CtL=--】，输入 1，表示准备对 RAM 进行写数据，在输入过程中，可按【取消】键进行输入修改。再按【确认】键。

(4) 监控指示灯显示【Addr--】，提示输入两位十六进制数地址，输入“00”按【确认】键，监控指示灯显示【DATA】，提示输入写入存储器该地址的数据(4 位十六进制数)，输入“3344”按【确认】键，监控指示灯显示【PULSE】，提示输入单步，按【单步】键，完成对 RAM 一条数据的输入，绿色数据总线显示灯显示“0011001101000100”，即数据“3344”，地址显示灯显示“0000 0000”，即地址“00”。

(5) 监控指示灯重新显示【Addr--】，提示输入第二条数据的两位十六进制的地址。重复上述步骤，按表 3-1 所示输入 RAM 地址及相应的数据。

表 3-1　实验三数据

地址(十六进制)	数据(十六进制)
00	3333
71	3434
42	3535
5A	5555
A3	6666
CF	ABAB
F8	7777
E6	9D9D

3) 读数据及校验数据

(1) 按【取消】键退出到监控指示灯显示【ES03】，或按【RST】键退到步骤 2)初始状态进行实验选择。

(2) 拨动清零开关 CLR，使其指示灯显示状态为亮—灭—亮。在监控指示灯显示【ES03】

状态下，按【确认】键。

(3) 监控指示灯显示【CtL=--】，输入 2，表示准备对 RAM 进行读数据，按【确认】键。

(4) 监控指示灯显示【Addr --】，提示输入 2 位十六进制数地址，输入“00”，按【确认】键，监控指示灯显示【PULSE】，提示输入单步，按【单步】键，完成对 RAM 一条数据的读出，绿色数据总线显示灯显示“0011001101000100”，即数据“3344”，地址显示灯显示“0000 0000”，即地址“00”。

(5) 监控指示灯重新显示 【Addr --】，重复上述步骤读出表 3-1 中的所有数据，注意观察数据总线显示灯和地址显示灯之间的对应关系，检查读出的数据是否正确。

注意 6116 为静态随机存储器，如果断电，所存的数据将丢失。

2. 开关控制操作方式实验

为了避免总线冲突，首先将控制开关电路的所有开关拨到输出高电平“1”状态，所有对应的指示灯亮。

本实验中所有控制开关拨动，相应指示灯亮代表高电平“1”，指示灯灭代表低电平“0”。连线时应注意：对于横排座，应使排线插头上的箭头面向自己插在横排座上；对于竖排座，应使排线插头上的箭头面向左边插在竖排座上。

(1) 按图 3-5 连线。

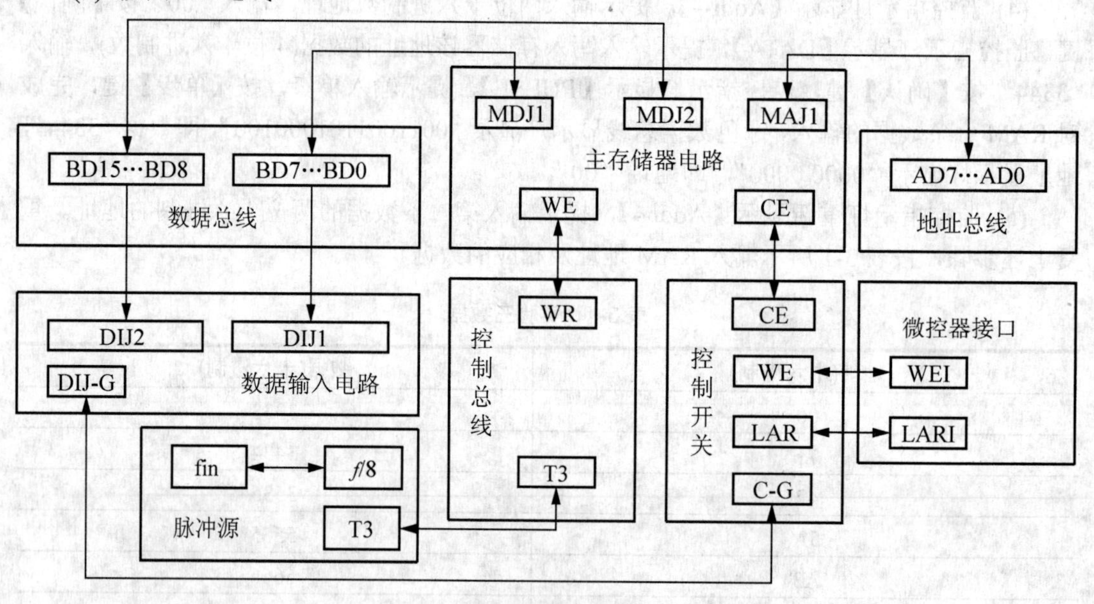

图 3-5 实验三开关实验连线

(2) 拨动清零开关 CLR，使其指示灯显示状态为亮—灭—亮。

(3) 向存储器写数据。以向存储器的(FF)地址单元写入数据“AABB”为例，操作过程如图 3-6 所示。

(4) 按上述步骤，按表 3-2 所列地址写入相应的数据。

(5) 从存储器里读数据。以从存储器的(FF) 地址单元读出数据“AABB”为例，操作过程如图 3-7 所示。

(操作)
1. C-G=1
2. 置数据输入电路 D15～D0 =“00000000 1111 1111”
3. CE=1
4. C-G=0

(显示)
绿色数据总线显示灯显示“00000000 1111 1111”

(操作)
1. LAR=1
2. T3=1 (按【单步】键)

(显示)
地址寄存器电路黄色地址显示灯显示“111111 11”

(操作)
1. C-G=1
2. 置数据输入电路 D15～D0 =“101010101 0111011”
3. LAR=0
4. C-G=0

(显示)
绿色数据总线显示灯显示“101010101 0111011”

(操作)
1. WE=1
2. CE=0
3. T3=1 (按【单步】键)
4. WE=0

图 3-6　向存储器的(FF)地址写入数据操作过程

表 3-2　实验三微代码

地址(二进制)	数据(二进制)
00000000	0011001100110011
01110001	0011010000110100
01000010	0011010100110101
01011010	0101010101010101
10100011	0110011001100110
11001111	1010101110101011
11111000	0111011101110111
11100110	1001110110011011

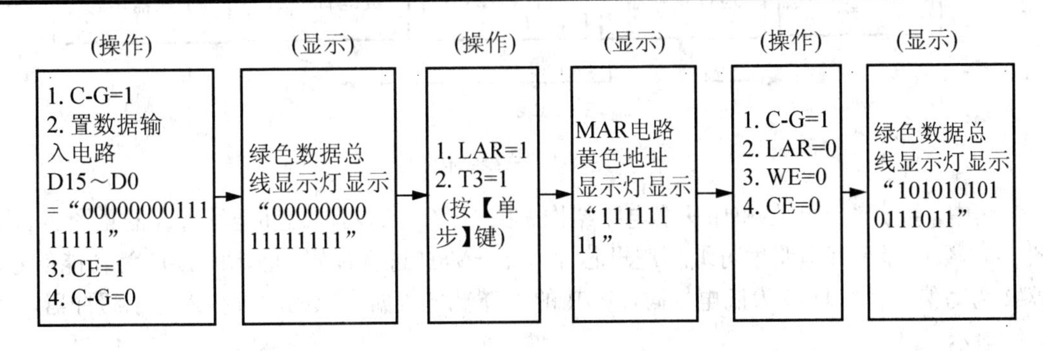

图 3-7　从存储器的(FF)地址单元读出数据操作过程

(6) 按上述步骤读出表 3-2 所示数据，验证其正确性。

八、实验报告要求

(1) 实验记录：所有的运算结果、故障现象及排除经过；

(2) 通过本次实验得到的收获及想法。

实验四　EL-JY-Ⅱ实验系统的总线控制实验

一、实验目的

(1) 了解总线的概念及其特性；
(2) 掌握总线的传输控制特性。

二、实验设备

EL-JY-II 型计算机组成原理实验系统一台，排线若干。

三、实验说明

1. 总线的基本概念

总线是多个系统部件之间进行数据传送的公共通路，是构成计算机系统的骨架。借助总线的连接，计算机在系统各部件之间实现传送地址、数据可控制信息的操作。因此，所谓总线就是指能为多个功能部件服务的一组公用信号线。

2. 实验原理说明

在本实验中，挂接在数据总线上的有输入设备、输出设备、存储器和加法器。为了使它们的输出互不干扰，需要这些设备都有三态输出控制，且任意两个输出控制信号不能同时有效。其结构如图 4-1 所示。

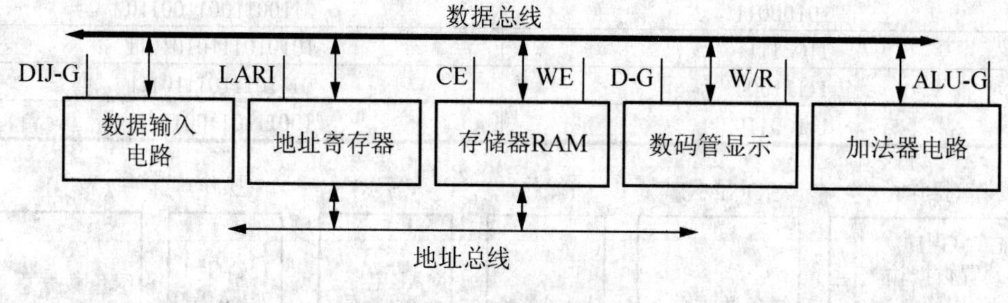

图 4-1　总线结构

其中，数据输入电路和加法器电路结构见图 1-5，存储器电路和地址寄存器见图 3-1 和图 3-3。数码显示管电路用可编程逻辑芯片 ATF16V8B 进行译码和驱动，D-G 为使能信号，W/R 为写信号。当 D-G 为低电平时，W/R 的下降沿将数据线上的数据打入显示缓冲器，并译码显示。

本实验的流程如下：

(1) 输入设备将一个数打入 LT1 寄存器；
(2) 输入设备将一个数打入 LT2 寄存器；
(3) LT1 与 LT2 寄存器中的数相加；
(4) 输入设备将另一个数打入地址寄存器；
(5) 将两数之和写入当前地址的存储器中；

(6) 将当前地址的存储器中的数用数码管显示出来。

四、实验连线

本实验采用开关控制操作方式，连线如图 4-2 所示。连线时应按如下方法：对于横排座，应使排线插头上的箭头面向自己插在横排座上；对于竖排座，应使排线插头上的箭头面向左边插在竖排座上。

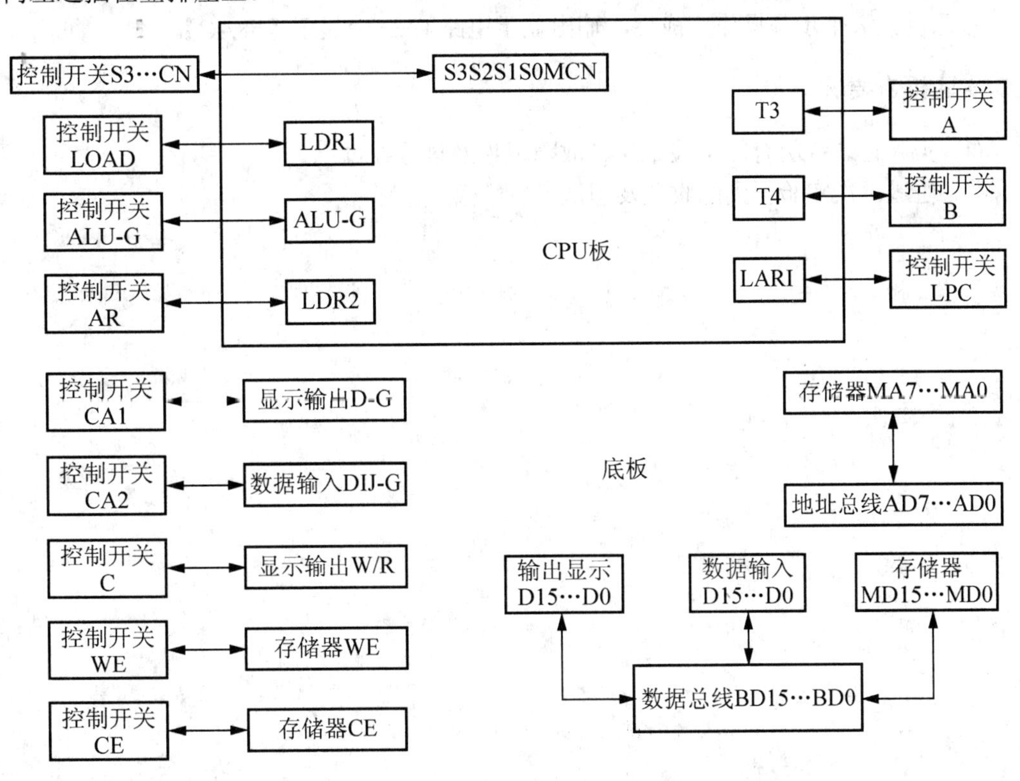

图 4-2　总线控制实验连线

五、实验步骤

(1) 按照图 4-2 所示将所有线连好。

(2) 总线初始化。关闭所有三态门置控制开关 ALU-G=1(加法器控制信号)、CA1=1(显示输出)、CA2=1(数据输入)、CE=1(存储器片选)。其他控制信号为 LOAD=0、AR=0、LPC=0、C=1、WE=1、A=1、B=1。

(3) 将 D15～D0 拨到“0001001000110100”，置 CA2=0、LOAD=1，然后置 LOAD=0，将“1234H”打入 LT1 寄存器。

(4) 将 D15～D0 拨到“0101011001111000”，置 AR=1，然后置 AR=0，将“5678H”打入 LT2 寄存器。

(5) 将 S3、S2、S1、S0、M、Cn 拨到“100101”，计算两数之和。

(6) 将 D7～D0 拨到“00000001”，置 LPC=1，然后置 LPC=0，将“01H”打入地址寄存器中。

(7) 置 CA2=1、ALU-G=0、WE=0、CE=0，将上述计算结果写入当前地址的存储器中。然后置 CE=1、WE=1。

(8) 置 ALU-G=1、CE=0、CA1=0、C=0，将当前地址的存储器中的数输出至数码管，然后置 C=1、CE=1、CA1=1。

六、实验结果

按照以上 8 个步骤操作完成后，输出显示电路 LED 上显示【68AC】。

七、实验报告要求

(1) 实验记录：所有的实验结果、故障现象及排除经过；

(2) 通过本次实验得到的收获及想法。

实验五　EL-JY-Ⅱ实验系统的微程序控制器的组成与实现实验

一、实验目的

掌握微程序控制器的组成及工作过程。

二、预习要求

(1) 复习微程序控制器工作原理；

(2) 预习本实验电路中所用到的各种芯片的技术资料。

三、实验设备

EL-JY-II 型计算机组成原理实验系统一台，排线若干。

四、电路组成

本电路由一片三态输出 8D 触发器 74LS374、三片 EEPROM2816、 片三态门 74LS245 和 EP1K10 集成的逻辑控制电路组成。28C16、74LS374、74LS245 芯片的技术资料分别如图 5-1～图 5-3 所示。

引脚名	引脚号	引脚号	引脚名
A7	1	24	Vcc
A6	2	23	A8
A5	3	22	A9
A4	4	21	$\overline{WE}$
A3	5	20	$\overline{OE}$
A2	6	19	A10
A1	7	18	$\overline{CE}$
A0	8	17	I/O7
I/O0	9	16	I/O6
I/O1	10	15	I/O5
I/O2	11	14	I/O4
GND	12	13	I/O3

(a) 28C16引脚

A0～A10	地址线
I/O0～I/O7	数据线
$\overline{CE}$	片选线
$\overline{WE}$	写允许
$\overline{OE}$	输出允许

(b) 28C16引脚说明

工作方式	$\overline{CE}$	$\overline{OE}$	$\overline{WE}$	输入/输出
读	L	L	H	数据输出
后　备	H	×	×	高　阻
字 节 写	L	H	L	数据输入
字节擦除	L	12 V	L	高　阻
写 禁 止	×	×	H	高　阻
写 禁 止	×	L	×	高　阻
输出禁止	×	H	×	高　阻

(c) 28C16 工作方式选择

图 5-1　28C16 引脚、引脚说明及工作方式选择

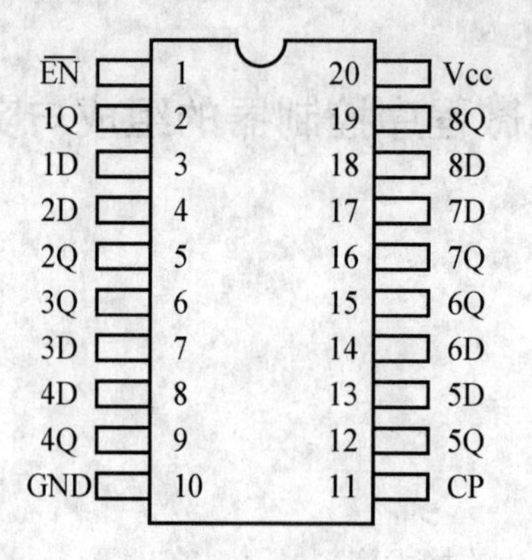

(a) 74LS374 引脚

输入			输出
$\overline{EN}$	CP	D	Q
L	↑	H	H
L	↑	L	L
L	L	×	Q_0
H	×	×	Z

(b) 74LS374 功能

图 5-2　74LS374 引脚及功能

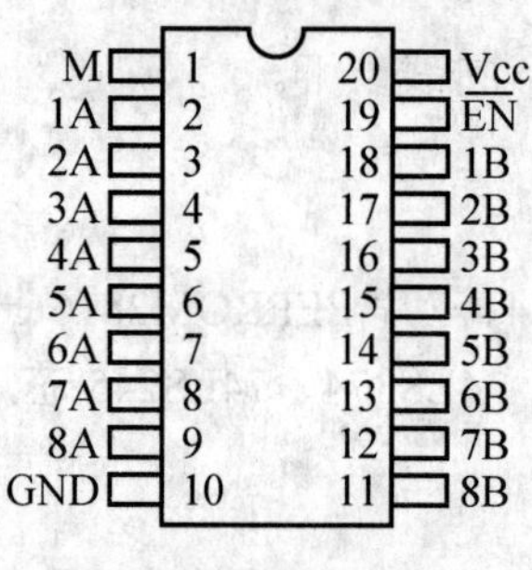

(a) 74LS245 引脚

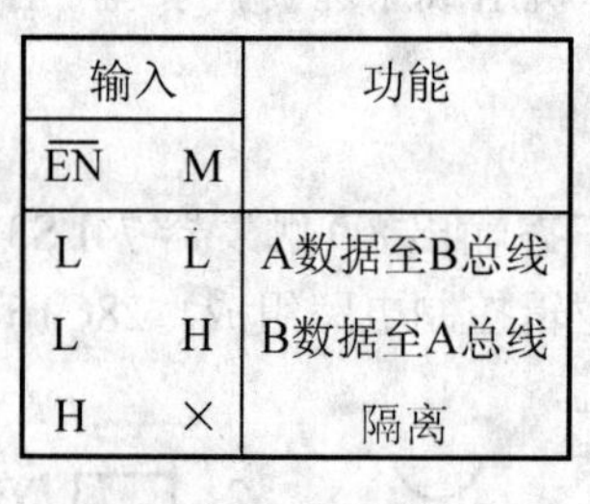

输入		功能
$\overline{EN}$	M	
L	L	A数据至B总线
L	H	B数据至A总线
H	×	隔离

(b) 74LS245 功能

图 5-3　74LS245 的引脚及功能

五、工作原理

1. 写入程序

在写入状态下，K2 须为高电平状态，K3 须接至脉/T1 端，否则无法写入。MS1～MS24 为 24 位写入微代码，在键盘方式时由键盘输入，在开关方式时由 24 位微代码开关提供。UA5～UA0 为写入位地址，在键盘方式时由键盘输入，在开关方式时由微地址开关提供。K1 须接低电平时 74LS374 有效，在脉冲 T1 时刻，UAJ1 数据被锁存形成位地址。同时写脉冲将 24 位微代码写入当前位地址中。

2. 读出微指令

在写入状态下，K2 须为低电平状态，K3 须接至高电平，K1 须接低电平时 74LS374 有效，在脉冲 T1 时刻，UAJ1 数据被锁存形成位地址 UA5～UA0，同时将当前微地址的 24 位微代码由 MS1～MS24 输出。

3. 运行微指令

在运行状态下， K2 接低电平，K3 接高电平，K1 接高电平。使控制存储器 2816 处于读出状态，74LS374 无效，因而微地址由程序内部产生。在脉冲 T1 时刻，当前地址的微代码由 MS1～MS24 输出；T2 时刻将 MS24～MS7 打入 18 位寄存器中，然后译码输出各种控制信号。在同一时刻 MS6～MS1 被锁存，然后在 T3 时刻，有指令译码器输出 UA5～UA0，这就是将要运行的下一条微代码的地址。当下一个脉冲 T1 来到时，又重新进行上述操作。

4. 脉冲源及时序电路

在开关方式下，用脉冲源及时序电路中“脉冲源输出”为时钟信号，f 的频率为 500kHz，$f/2$ 的频率为 250kHz，$f/4$ 的频率为 125kHz，$f/8$ 的频率为 62.5kHz，共 4 种频率的方波信号，可根据实验自行选择一种方波信号的频率。每次实验时，只需将“脉冲源输出”的 4 个方波信号任选一种接至“信号输入”的“fin”，时序电路即可产生 4 种相同频率的等间隔的时序信号 T1～T4。电路提供了 4 个按钮开关，以供对时序信号进行控制。工作时，如按【单步】键，机器处于单步运行状态，即此时只发送一个 CPU 周期的时序信号就停机。利用单步运行方式，每次只读一条微指令，可以观察微指令的代码与当前微指令的执行结果。如按【启动】键，机器连续运行，时序电路连续产生如图 5-4 所示的波形。此时，按【停止】键，机器停机。

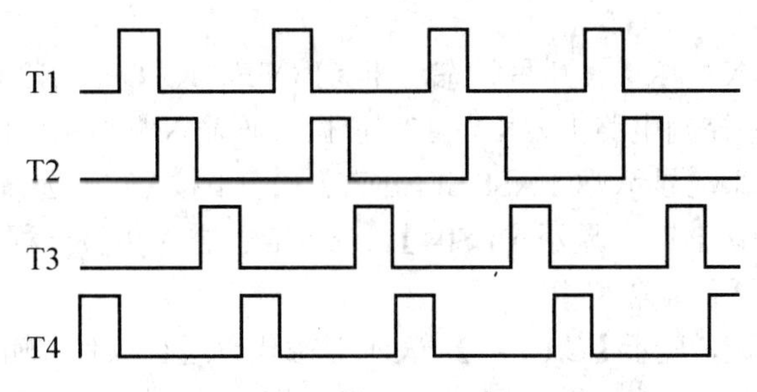

图 5-4 全速运行波形

按【单脉冲】键，“T+”和“T−”输出如图 5-5 所示的波形。

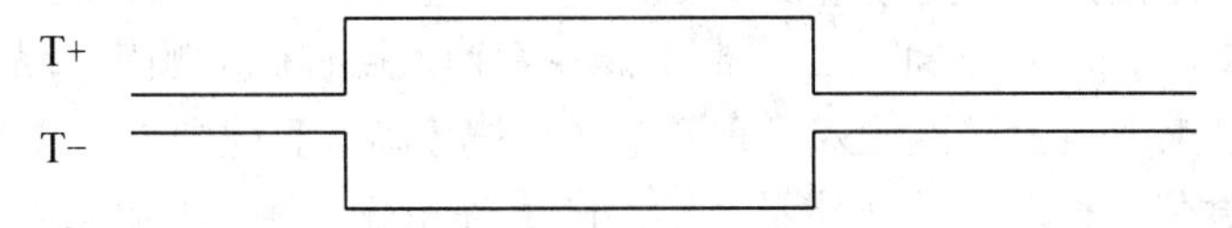

图 5-5 单脉冲输出波形

各个实验电路所需的时序信号端均已分别连至“控制总线”的“T1”、“T2”、“T3”、“T4”，实验时只需将“脉冲源及时序电路”模块的“T1”、“T2”、“T3”、“T4”端与“控制总线”的“T1”、“T2”、“T3”、“T4”端相连，即可给电路提供时序信号。

对于键盘方式的实验，所需脉冲信号由系统控制产生(其波形与脉冲方式相同)，并通过控制总线的 F1～F4 输出。实验时只需将“控制总线”的“F4F3F2F1”与“T4T3T2T1”相连，即可给电路提供时序信号。

六、实验内容

往 EEPROM 里任意写 24 位微代码，读出并验证其正确性。

七、实验步骤

1. 单片机键盘控制操作方式实验

在进行单片机键盘控制实验时，必须把 K4 开关置于“OFF”状态，否则系统处于自锁

状态，无法进行实验。

1) 实验连线

实验连线如图 5-6 所示。连线应按如下方法：对于横排座，应使排线插头上的箭头面向自己插在横排座上；对于竖排座，应使排线插头上的箭头面向左边插在竖排座上。

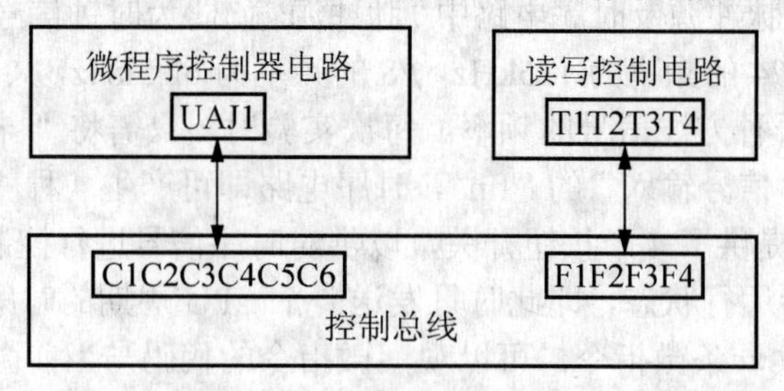

图 5-6　实验四键盘实验连线

2) 写微代码

将开关 K1、K2、K3、K4 拨到写状态，即 K1 OFF、K2 ON、K3 OFF、K4 OFF，其中 K1、K2、K3 在微程序控制电路上，K4 在 24 位微代码输入及显示电路上。

(1) 在监控指示灯滚动显示【CLASS SELECT】状态下按【实验选择】键，显示【ES--_ _】输入 04 或 4，按【确认】键，显示【ES04】，表示准备进入实验五程序，也可按【取消】键来取消上一步操作，重新输入。

(2) 再按【确认】键，显示【CtL1=_】，表示对微代码进行操作。输入 1 显示【CtL1_1】，表示写微代码，也可按【取消】键来取消上一步操作，重新输入。再按【确认】键。

(3) 监控指示灯显示【U-Addr】，此时输入“000000”6 位二进制数表示的微地址，然后按【确认】键，监控指示灯显示【U_CodE】，这时输入微代码“000001”，该微代码是用 6 位十六进制数来表示前面的 24 位二进制数。注意输入微代码的顺序，先右后左，此过程中可按【取消】键来取消上一次输入，重新输入。按【确认】键则显示【PULSE】，按【单步】键完成一条微代码输入，重新显示【U-Addr】提示输入表 5-1 第二条微代码地址。

(4) 按照上面的方法输入表 5-1 中的微代码，观察微代码与微地址显示灯的对应关系(注意输入微代码的顺序为由右至左)。

表 5-1　实验五微代码

微地址(二进制)	微代码(十六进制)
000000	000001
000001	000002
000010	000003
000011	015FC4
000100	012FC8
001000	018E09
001001	005B50
010000	005B55
010101	06F3D8

续表

微地址(二进制)	微代码(十六进制)
011000	FF73D9
011001	017E00

3) 读微代码

(1) 先将开关 K1、K2、K3、K4 拨到读状态，即 K1 OFF、K2 OFF、K3 ON、K4 OFF，按【RESET】复位键，使监控指示灯滚动显示【CLASS SELECT】状态。

(2) 按【实验选择】键，显示【ES--_ _】输入 04 或 4，按【确认】键，显示【ES04】。再按【确认】键。

(3) 显示【CtL1=_】时，输入 2，按【确认】键显示【U-Addr】，此时输入 6 位二进制微地址，进入读微代码状态。再按【确认】键显示【PULSE】，此时按【单步】键，控制显示【U-Addr】，微地址指示灯显示输入的微地址，微代码显示电路上显示该地址对应的微代码，至此完成一条微指令的读过程。观察黄色微地址显示灯和微代码的对应关系，对照表 5-1 表检查微代码是否有错误，如有错误，可按步骤 2)重新写这条微代码。

2. 开关控制操作方式实验

本实验中所有控制开关拨动，相应指示灯亮代表高电平“1”，指示灯灭代表低电平“0”。为了避免总线冲突，首先将控制开关电路的所有开关拨到输出高电平“1”状态，所有对应的指示灯亮。连线时应注意：对于横排座，应使排线插头上的箭头面向自己插在横排座上；对于竖排座，应使排线插头上的箭头面向左边插在竖排座上。

1) 实验连线

实验连线如图 5-7 所示。

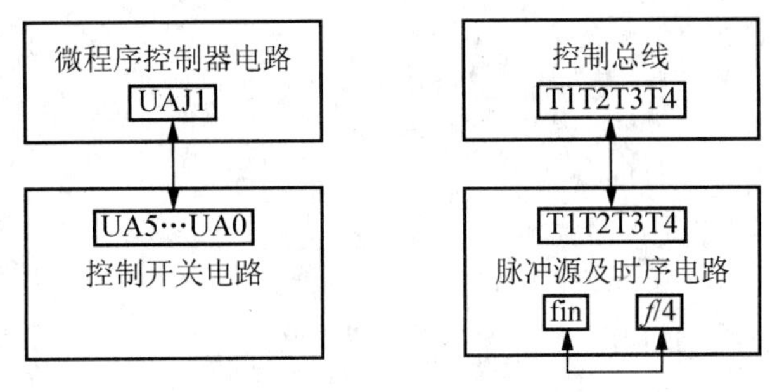

图 5-7　开关控制电路连线

2) 实验步骤

(1) 观测时序信号：用双踪示波器观察脉冲源及时序电路的“f/4”、“T1”、“T2”、“T3”、“T4”端，按【启动】键，观察“f/4”、“T1”、“T2”、“T3”、“T4”各点的波形，比较它们的相互关系，画出其波形。

(2) 写微代码 (以写表 5-1 中的微代码为例)：首先将微程序控制电路上的开关 K1、K2、K3 拨到写入状态，即 K1 OFF、K2 ON、K3 OFF，然后将 24 位微代码输入及显示电路上的开关 K4 拨到“OFF”状态。置控制开关 UA5～UA0=“000000”，输入微地址“000000”，置 24 位微代码开关 MS24～MS1 为“00000000 00000000 00000001”，按脉冲源及时序电路

的【单步】键，黄色微地址灯显示“000 000”，表明已写入微代码。保持 K1、K2、K3、K4 状态不变，写入表 5-1 中的所有微代码。

(3) 读微代码并验证结果：将微程序控制电路上的开关 K1、K2、K3 拨到读出状态，即 K1 OFF、K2 OFF、K3 ON，然后将 24 位微代码输入及显示电路上的开关 K4 拨到“OFF”状态。置控制开关 UA5～UA0=“000000”，输入微地址“000000”，按脉冲源及时序电路的【单步】键，黄色微地址灯显示“000 000”，24 位微代码显示“00000000 00000000 00000001”，即第一条微代码。保持 K1、K2、K3、K4 状态不变，改变 UA5～UA0 微地址的值，读出相应的微代码，并和表 5-1 中的微代码比较，验证是否正确。

八、实验报告要求

(1) 实验记录：所有的实验结果、故障现象及排除经过；

(2) 通过本次实验得到的收获及想法。

实验六　EL-JY-Ⅱ实验系统的微程序设计实验

一、实验目的

深入学习计算机各种指令的设计和执行过程，掌握微程序设计的概念。

二、预习要求

(1) 复习微程序控制器工作原理；
(2) 复习计算机各种指令和微程序的有关知识。

三、实验设备

EL-JY-II 型计算机组成原理实验系统一台，排线若干。

四、微程序的设计

1. 微指令格式

设计微指令编码格式的主要原则是使微指令字短、能表示可并行操作的微指令多、微程序编写方便。

微指令的最基本成分是控制场，其次是下地址场。控制场反映了可以同时执行的微操作，下地址场指明了下一条要执行的微指令控存地址。微指令的编码格式通常指控制场的编码格式，以下是几种常用的编码格式。

(1) 最短编码格式：这是最简单的垂直编码格式，其特点是每条微指令只定义一个微操作命令。采用此格式的微指令字短、容易编写、规整直观，但微程序较长，访问控存取微指令次数增多，从而使指令执行速度变慢。

(2) 全水平编码格式：这种格式又称直接编码法，其特点是控制场每一位直接表示一种微操作命令。若控制场长 n 位，则至多可表示 n 个不同的微操作命令。采用此格式的微指令字长，但可实现多个允许的微操作并行执行，微程序较短，指令执行速度快。

(3) 分段编码格式是将控制场分成几段。若某段长 i 位，则经译码，该段可表示 2^i 个互斥的即不能同时有效的微操作命令。采用这种格式的微指令长度较短，而可表示的微操作命令较多，但需译码器。

2. 微程序顺序控制方式的设计

微程序顺序控制方式指在一条指令对应的微程序执行过程中，下一条微指令地址的确定方法，又叫后继地址生成方式，下面是常见的两种。

1) 计数增量方式

这种方式的特点为微程序控制部件中的微地址产生线路主要是微地址计数器 MPC。MPC 的初值由微程序首址形成线路根据指令操作码编码形成。在微程序执行过程中该计数器增量计数，产生下一条微指令地址。这使得微指令格式中可以不设置“下地址场”，缩短了微指令长度，也使微程序控制部件结构较简单。但微程序必须存放在控存若干连续单元中。

计数增量方式微程序控制部件流程如图 6-1 所示。

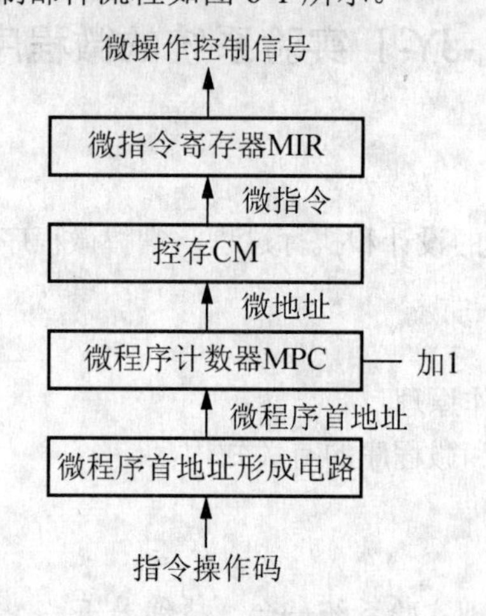

图 6-1　计数增量方式微程序控制部件流程图

2) 断定方式

微指令中设有“下地址场”，它指出下条微指令的地址，这使一条指令的微程序中的微指令在控存中不一定要连续存放。在微程序执行过程中，微程序控制部件中的微地址形成电路直接接受微指令下地址场信息来产生下条微指令地址，微程序的首址也由此微地址形成线路根据指令操作码产生，如图 6-2 所示。

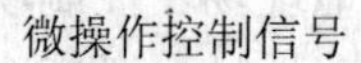

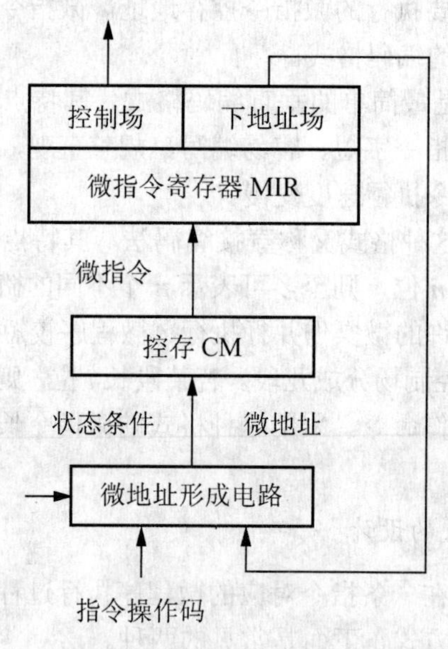

图 6-2　断定方式微程序控制部件示意图

3. 本系统的微指令格式

微程序设计的关键技术之一是处理好每条微指令的下地址，以保证程序正确高效地进行。本系统采用分段编码的指令格式，采用断定方式确定下一条微指令的地址。

其中“微地址形成电路”对应于图 6-1 中的微程序首地址形成，“控存 CM”对应于

图 6-1 中的控存 CM，“微指令寄存器 MIR”、“控制场”、“地址场”对应于图 6-1 中的微指令寄存器 MIR。

每条微指令由 24 位组成，其控制位顺序如下。

24	23	22	21	20	19	18	17	16	15 14 13	12 11 10	9 8 7	6	5	4	3	2	1
S3	S2	S1	S0	M	Cn	WE	1A	1B	F1	F2	F3	UA5	UA4	UA3	UA2	UA1	UA0

微指令中的 UA5～UA0 为 6 位的后续地址(见图 6-1)。

F1、F2、F3 三个字段的编码方案如表 6-1 所示。

表 6-1 F1、F2、F3 三个字段的编码方案

F1 字段		F2 字段		F3 字段	
15 14 13	选择	12 11 10	选择	9 8 7	选择
0 0 0	LDRi	0 0 0	RAG	0 0 0	P1
0 0 1	LOAD	0 0 1	ALU-G	0 0 1	AR
0 1 0	LDR2	0 1 0	RCG	0 1 0	P3
0 1 1	自定义	0 1 1	自定义	0 1 1	自定义
1 0 0	LDR1	1 0 0	RBG	1 0 0	P2
1 0 1	LAR	1 0 1	PC-G	1 0 1	LPC
1 1 0	LDIR	1 1 0	299-G	1 1 0	P4
1 1 1	无操作	1 1 1	无操作	1 1 1	无操作

五、实验内容

编写几条可以连续运行的微代码，熟悉本实验系统的微代码设计方式。表 6-2 为几条简单的可以连续运行二进制微代码表。注意 UA5～UA0 的编码规律，观察后续地址。

表 6-2 实验六二进制微代码

微地址(二进制)	S3 S2 S1 S0 M Cn WE 1A 1B	F1	F2	F3	UA5～UA0
000000	0 0 0 0 0 0 0 0 0	000	000	000	000001
000001	0 0 0 0 0 0 0 0 0	000	000	000	000010
000010	0 0 0 0 0 0 0 0 0	000	000	000	000011
000011	0 0 0 0 0 0 0 1 0	101	111	111	000100
000100	0 0 0 0 0 0 0 1 0	010	111	111	001000
001000	0 0 0 0 0 0 0 0 0	000	111	000	001001
001001	0 0 0 0 0 0 0 1 1	101	101	101	010000
010000	0 0 0 0 0 0 0 1 1	101	101	101	010101
010101	0 0 0 0 0 1 1 0 1	111	001	111	011000
011000	1 1 1 1 1 1 1 1 0	111	001	111	011001
011001	0 0 0 0 0 0 0 1 0	111	111	000	000000

以下举例说明微代码的含义。

(1) 微地址“000011”：读 Y1 设备上的数据，并将该数据打入地址寄存器，然后跳转至微地址“000100”。

(2) 微地址“000100”：读 Y1 设备上的数据，并将该数据打入运算存储器 2，然后跳转至微地址“001000”。

(3) 微地址“011000”：读运算存储器 1 的数据，输出至数据总线，并将数据写入 Y1 设备，然后跳转至微地址“011001”。

(4) 微地址“011001”：读 Y1 设备上的数据，然后进入 P1 测试，由于未对指令寄存器操作，I7～I0 均为 0，强制置位无效，仍跳转至后续微地址“000000”。

六、实验步骤

1. 单片机键盘控制操作方式实验

在进行单片机键盘控制实验时，必须把 K4 开关置于“OFF”状态，否则系统处于自锁状态，无法进行实验。

1) 实验连线

实验连线如图 6-3 所示。连线时应按如下方法：对于横排座，应使排线插头上的箭头面向自己插在横排座上；对于竖排座，应使排线插头上的箭头面向左边插在竖排座上。

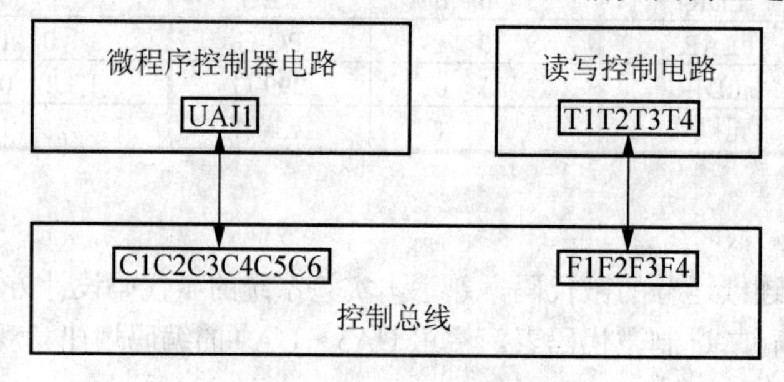

图 6-3　实验六键盘实验连线

2) 写微代码

(1) 将开关 K1、K2、K3、K4 拨到写状态，即 K1 OFF、K2 ON、K3 OFF、K4 OFF，其中 K1、K2、K3 在微程序控制电路，K4 在 24 位微代码输入及显示电路上。在监控指示灯滚动显示【CLASS SELECT】状态下按【实验选择】键，显示【ES--_ _】输入 05 或 5，按【确认】键，显示【ES05】。再按【确认】键。

(2) 监控显示【CtL1=_】，表示对微代码进行操作。输入 1 显示【CtL1_1】，表示写微代码，按【确认】键。

(3) 监控显示【U-Addr】，此时输入“000000”6 位二进制数表示的微地址，然后按【确认】键，监控指示灯显示【U_CodE】，显示这时输入微代码“000001”，该微代码是用 6 位十六进制数表示前面的 24 位二进制数，注意输入微代码的顺序，先右后左，此过程中可按【取消】键来取消上一次输入，重新输入。按【确认】键则显示【PULSE】，按【单步】键完成一条微代码的输入，重新显示【U-Addr】提示输入表 6-2 第二条微代码地址。

(4) 按照上面的方法输入表 6-3 微代码，观察微代码与微地址显示灯的对应关系(注意输入微代码的顺序为由右至左)。

表 6-3　实验六微代码

微地址(二进制)	微代码(十六进制)
000000	000001
000001	000002
000010	000003
000011	015FC4
000100	012FC8
001000	018E09
001001	005B50
010000	005B55
010101	06F3D8
011000	FF73D9
011001	017E00

3) 读微代码

(1) 先将开关 K1、K2、K3、K4 拨到读状态，即 K1 OFF、K2 OFF、K3 ON、K4 OFF，按【RESET】键对单片机复位，使监控指示灯滚动显示【CLASS SELECT】状态。

(2) 按【实验选择】键，显示【ES--_ _】输入 05 或 5，按【确认】键，显示【ES05】。再按【确认】键。

(3) 监控显示【CtL1=_】时，输入 2，按【确认】显示【U-Addr】，此时输入 6 位二进制微地址，进入读微代码状态。再按【确认】键显示【PULSE】，此时按【PULSE】键，显示【U-Addr】，微地址指示灯显示输入的微地址，微代码显示电路上显示该地址对应的微代码，至此完成一条微指令的读过程。对照表 6-3 检查微代码是否有错误，如有错误，可按步骤 2)写微代码，重新输入这条微指令的微地址及微代码。

4) 微代码的运行

(1) 先将开关 K1、K2、K3、K4 拨到读状态即 K1 OFF、K2 OFF、K3 ON、K4 OFF，按【RESET】键对单片机复位，使监控指示灯滚动显示【CLASS SELECT】状态。

(2) 按【实验选择】键，显示【ES--_ _】输入 05 或 5，按【确认】键，显示【ES05】。再按【确认】键。

(3) 在监控指示灯显示【CtL1=_】状态下，输入 3，显示【CtL1_3】，表示进入运行微代码状态，拨动清零开关 CLR(在控制开关电路上，注意对应的 JUI 应短接)对程序计数器清零，清零结果是地址指示灯(A7～A0)(8 个黄色指示灯，在地址寄存器电路上)和微地址显示灯(UA5～UA0)(6 个黄色指示灯，在微程序控制器电路上)全灭，清零步骤是使其电平高—低—高，即 CLR 指示灯状态为亮—灭—亮，使程序入口地址为“000000”。

① 单步运行：在监控指示灯显示【CtL1_3】状态下，确认清零后，按【确认】键，监控指示灯滚动显示【Run CodE】，此时可按【单步】键单步运行微代码，观察红色微地址显示灯，显示“000001”，再按【单步】键，显示“000010”，连续按【单步】键，则可单

步运行微代码，注意观察微地址显示灯和微代码的对应关系。

② 全速运行：在控指示灯滚动显示【Run CodE】状态下，按【全速】键，开始自动运行微代码，微地址显示灯显示从“000000”开始，到“000001”、“000010”、“000011”、“000100”、“001000”、“001001”、“010000”、“010101”、“011000”、“011001”，再到“000000”，循环显示。

2. 开关控制操作方式实验

本实验中所有控制开关拨动，相应指示灯亮代表高电平“1”，指示灯灭代表低电平“0”。

为了避免总线冲突，首先将控制开关电路的所有开关拨到输出高电平“1”状态，所有对应的指示灯亮。

1) 实验连线

按图 6-3 所示连线。连线时应注意：对于横排座，应使排线插头上的箭头面向自己插在横排座上；对于竖排座，应使排线插头上的箭头面向左边插在竖排座上。

2) 实验步骤

(1) 写微代码(以写表 6-3 所示的微代码为例)：首先将微程序控制电路上的开关 K1、K2、K3 拨到写入状态，即 K1 OFF、K2 ON、K3 OFF，然后将 24 位微代码输入及显示电路上的开关 K4 拨到“ON”状态。置控制开关 UA5～UA0=“000000”，输入微地址“000000”，置 24 位微代码开关 MS24～MS1 为“00000000 00000000 00000001”，输入 24 位二进制微代码，按【单步】键，红色微地址灯显示“000 000”，写入微代码。保持 K1、K2、K3、K4 状态不变，写入图 6-4 所示的所有微代码。

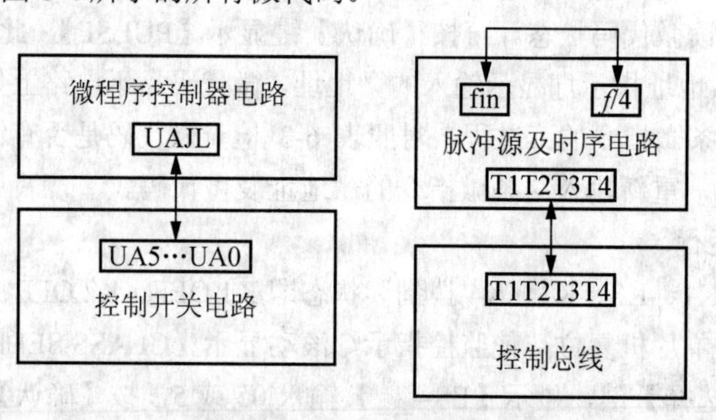

图 6-4 实验六开关实验连线

(2) 读微代码并验证结果：将微程序控制电路上的开关 K1、K2、K3 拨到读出状态，即 K1 OFF、K2 OFF、K3 ON，然后将 24 位微代码输入及显示电路上的开关 K4 拨到“OFF”状态。置控制开关 UA5～UA0=“000000”，输入微地址“000000”，按【单步】键，黄色微地址灯显示“000 000”，24 位微代码显示“00000000 00000000 00000001”，即第一条微代码。保持 K1、K2、K3、K4 状态不变，改变 UA5～UA0 微地址的值，读出相应的微代码，并和表 6-3 所示的微代码比较，验证是否正确。如发现有误，则需重新输入该微地址相应的微代码。

(3) 运行微代码：将微程序控制电路上的开关 K1、K2、K3 拨到运行状态，即 K1 ON、

K2 OFF、K3 ON，然后将24位微代码输入及显示电路上的开关K4拨到“OFF”状态。拨动控制开关电路上的清零开关 CLR，使微地址和地址指示灯全灭。置控制开关“UA5～UA0＝“000 000”，程序运行入口地址为“000000”，按【单步】键，运行微代码，观察黄色微地址显示灯，显示“000001”，再按【单步】键，显示“000010”，连续按【单步】键，则可单步运行微代码，注意观察微地址显示灯和微代码的对应关系，微地址显示灯显示从“000000”开始，到“000001”、“000010”、“000011”、“000100”、“001000”、“001001”、“010000”、“010101”、“011000”、“011001”，再到“000000”，循环显示。

七、实验报告要求

(1) 实验记录：所有的实验结果、故障现象及排除经过；

(2) 通过本次实验得到的收获及想法。

实验七　EL-JY-Ⅱ实验系统的简单模型机组成原理实验

一、实验目的

(1) 在掌握各功能部件的基础上，组成一个简单的计算机整机系统——模型机；
(2) 了解微程序控制器是如何控制模型机运行的，掌握整机动态工作过程；
(3) 定义5条机器指令，编写相应微程序并具体上机调试。

二、预习要求

(1) 复习计算机组成的基本原理；
(2) 预习本实验的相关知识和内容。

三、实验设备

EL-JY-II型计算机组成原理实验系统一套，排线若干。

四、模型机结构

模型机结构如图7-1所示。

图7-1中运算器ALU由U7～U10四片74LS181构成，数据暂存器LT1由U3、U4两片74LS273构成，数据暂存器LT2由U5、U6两片74LS273构成。微控制器部分的控制存储由U13～U15三片2816构成。除此之外，CPU的其他部分都由EP1K10集成(其原理见附录A中EL-JY-Ⅱ计算机组成原理实验系统相关的实验介绍部分)。

存储器部分由两片6116构成16位存储器，地址总线只有低8位有效，因此其存储空间为00H～FFH。

输出设备有底板上的4个LED数码管及其译码器、驱动电路构成，当D-G和W/R均为低电平时，将数据总线的数据送入数码管显示。在开关方式下，输入设备由16位电平开关及两个三态缓冲芯片74LS244构成，当DIJ-G为低电平时将16位开关状态送上数据总线。在键盘方式或联机方式下，数据可由键盘或上位机输入，然后由监控程序直接送上数据总线，因此外加的数据输入电路可以不用。

注：本系统的数据总线为16位，指令、地址和程序计数器均为8位。当数据总线上的数据打入指令寄存器、地址寄存器和程序计数器时，只有低8位有效。

五、工作原理

在实验六中，我们学习了如何设计微程序来产生各部分的控制信号。在本实验中，我们将学习读、写机器指令和运行机器指令的完整过程。在机器指令的执行过程中，从CPU内存取出一条机器指令到其执行结束为一个指令周期，指令由微指令组成的序列来完成，一条机器指令对应一段微程序。另外，读、写机器指令也分别由相应的微程序段来完成。

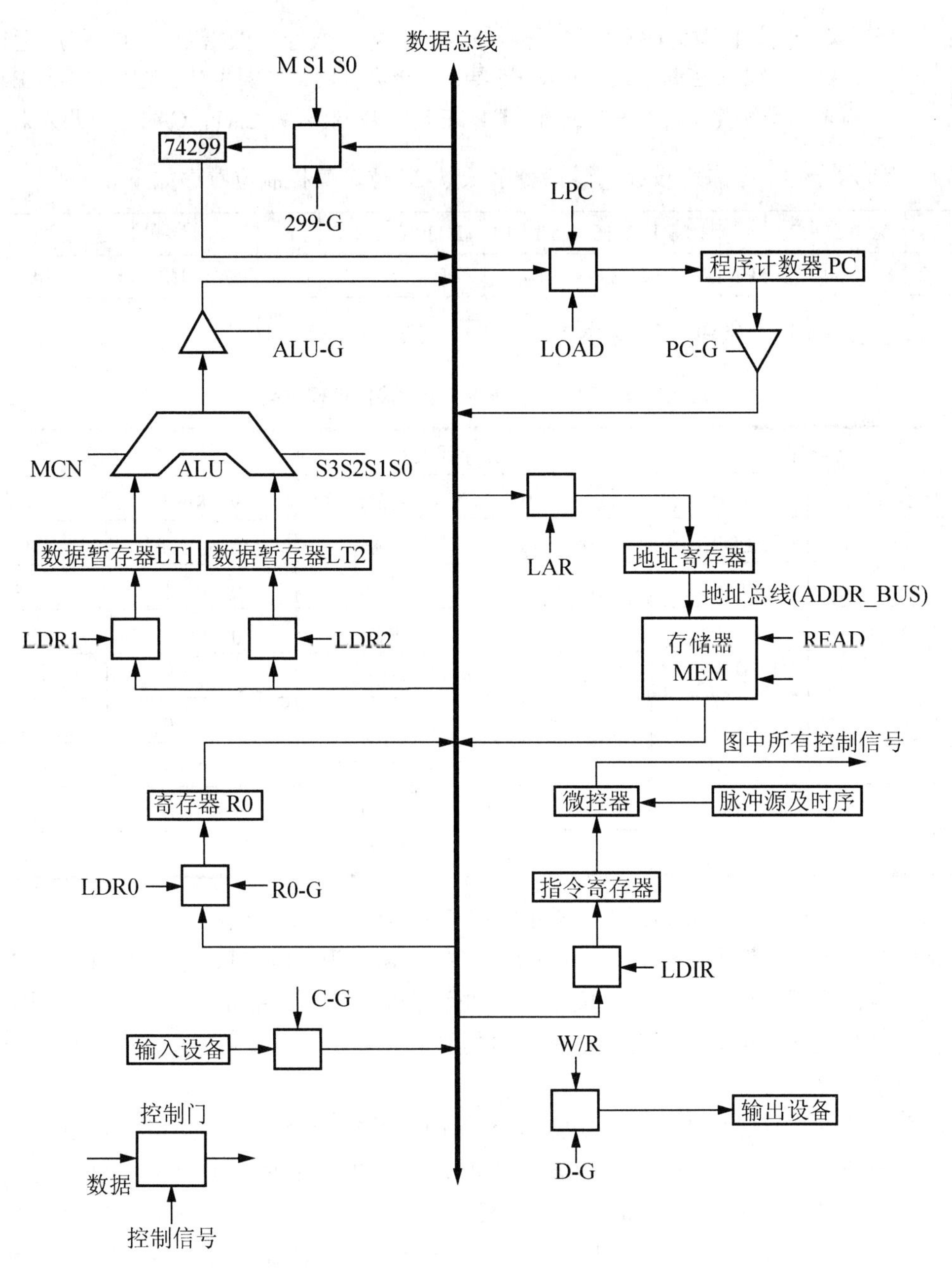

图 7-1　模型机结构

为了向 RAM 中载入程序和数据，检查写入是否正确，并启动程序执行，必须设计 3 个控制操作微程序。

存储器读操作(MRD)：拨动清零开关 CLR 对地址、指令寄存器清零后，指令译码输入 CA1、CA2 为“00”时，按【单步】键，可对 RAM 进行连续读操作。

存储器写操作(MWE)：拨动清零开关 CLR 对地址、指令寄存器清零后，指令译码输入 CA1、CA2 为“10”时，按【单步】键，可对 RAM 进行连续写操作。

启动程序(RUN)：拨动清零开关 CLR 对地址、指令寄存器清零后，指令译码输入 CA1、

CA2 为“11”时，按【单步】键，即可转入到第 01 号“取址”微指令，启动程序运行。

注：CA1、CA2 由控制总线的 E4、E5 给出。键盘控制操作方式时由监控直接对 E4、E5 赋值，无须接线。开关方式时，E4、E5 直接控制开关 CA1、CA2，由开关来控制。

与实验六一样，本系统设计的微指令字长共 24 位，其控制位顺序如下。

24	23	22	21	20	19	18	17	16	15 14 13	12 11 10	9 8 7	6	5	4	3	2	1
S3	S2	S1	S0	M	Cn	WE	1A	1B	F1	F2	F3	UA5	UA4	UA3	UA2	UA1	UA0

F1、F2、F3 三个字段的编码方案如表 7-1 所示，其余控制位的含义见实验六。

表 7-1　F1、F2、F3 三个字段的编码方案

F1 字段		F2 字段		F3 字段	
15 14 13	选择	12 11 10	选择	9 8 7	选择
0 0 0	LDRi	0 0 0	RAG	0 0 0	P1
0 0 1	LOAD	0 0 1	ALU-G	0 0 1	AR
0 1 0	LDR2	0 1 0	RCG	0 1 0	P3
0 1 1	自定义	0 1 1	自定义	0 1 1	自定义
1 0 0	LDR1	1 0 0	RBG	1 0 0	P2
1 0 1	LAR	1 0 1	PC-G	1 0 1	LPC
1 1 0	LDIR	1 1 0	299-G	1 1 0	P4
1 1 1	无操作	1 1 1	无操作	1 1 1	无操作

系统涉及的微程序流程如图 7-2 所示(图 7-2 中个方框内为微指令所执行的操作，方框外的标号为该条微指令所处的八进制微地址)。控制操作为 P4 测试，它以 CA1、CA2 作为测试条件，出现了写机器指令、读机器指令和运行机器指令 3 路分支，占用 3 个固定微地址单元。当分支微地址单元固定后，剩下的其他地方就可以一条微指令占用控存一个微地址单元随意填写。

机器指令的执行过程如下：首先将指令在外存储器的地址送上地址总线，然后将该地址上的指令传送至指令寄存器，这就是“取指”过程。之后，必须对操作码进行 P1 测试，根据指令的译码将后续微地址中的某几位强制置位，使下一条微指令指向相应的微程序首地址，这就是“译码”过程。然后才顺序执行该段微程序，这是真正的指令执行过程开始。

在所有机器指令的执行过程中，“取指”和“译码”是必不可少的，而且微指令执行的操作也是相同的，这些微指令称为公用微指令，对应于图 7-2 中 01、02、31 地址的微指令，31 地址为“译码”微指令，改微指令的操作为 P1 测试，测试结果出现多路分支。本实验用指令寄存器的前 4 位(I7～I4)作为测试条件，出现 5 路分支，占用 5 个固定微地址单元。

当全部微程序流程图设计完毕后，应将每条微指令代码化，表 7-2 即为将图 7-2 的微程序流程按微指令格式转化而成的“二进制微代码”。

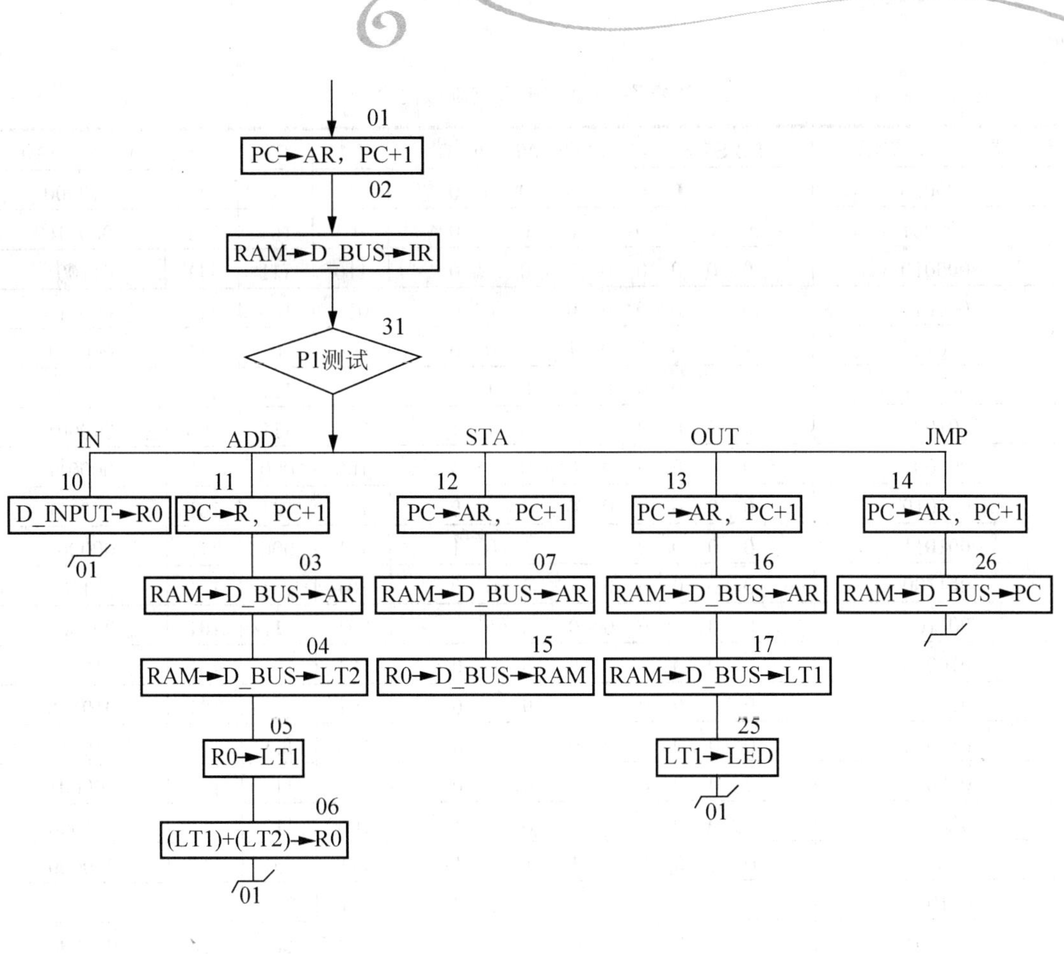
01
PC→AR，PC+1
02
RAM→D_BUS→IR
31
P1测试
IN
ADD
STA
OUT
JMP
10
D_INPUT→R0
01
11
PC→R，PC+1
03
RAM→D_BUS→AR
04
RAM→D_BUS→LT2
05
R0→LT1
06
(LT1)+(LT2)→R0
01
12
PC→AR，PC+1
07
RAM→D_BUS→AR
15
R0→D_BUS→RAM
13
PC→AR，PC+1
16
RAM→D_BUS→AR
17
RAM→D_BUS→LT1
25
LT1→LED
01
14
PC→AR，PC+1
26
RAM→D_BUS→PC

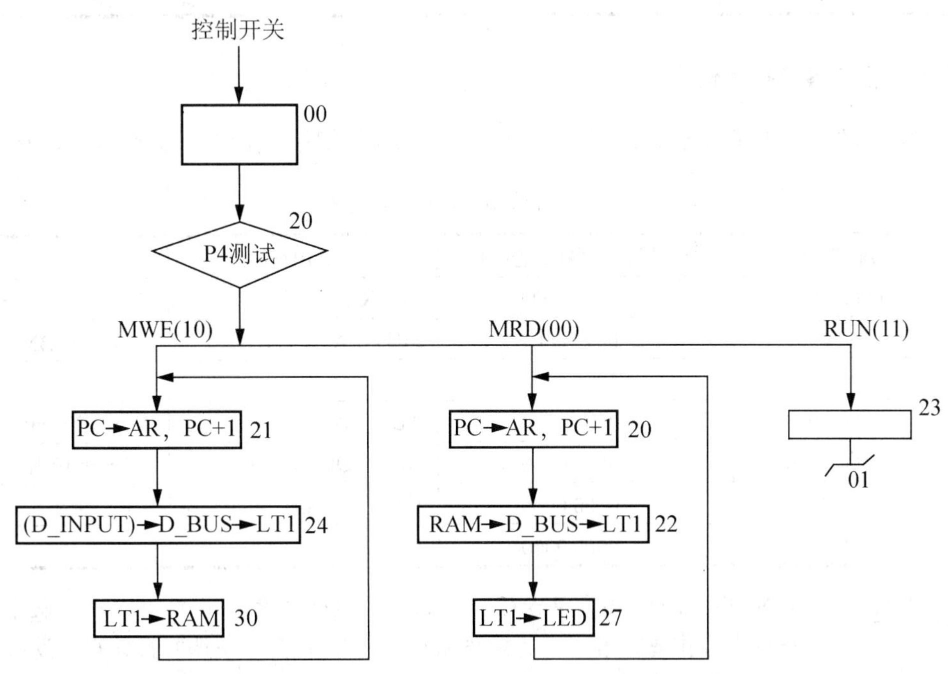
控制开关
00
20
P4测试
MWE(10)
MRD(00)
RUN(11)
PC→AR，PC+1
21
(D_INPUT)→D_BUS→LT1
24
LT1→RAM
30
PC→AR，PC+1
20
RAM→D_BUS→LT1
22
LT1→LED
27
23
01

图 7-2　微程序流程

表 7-2 实验七二进制微代码

微地址(二进制)	S3 S2 S1 S0 M Cn WE 1A 1B	F1	F2	F3	UA5～UA0
000000	0 0 0 0 0 0 0 0 0	111	111	110	010000
000001	0 0 0 0 0 0 0 0 0	101	101	101	000010
000010	0 0 0 0 0 0 0 1 0	110	111	111	011001
000011	0 0 0 0 0 0 0 0 0	010	100	111	000110
000110	1 0 0 1 0 1 0 0 0	000	001	111	000001
000111	0 0 0 0 0 0 0 1 0	000	111	111	000001
001000	0 0 0 0 0 0 0 1 1	000	111	000	000001
001001	0 0 0 0 0 0 0 0 0	100	000	111	000011
001010	0 0 0 0 0 0 0 0 0	101	101	101	000111
001011	0 0 0 0 0 0 1 0 1	111	000	111	000001
001100	0 0 0 0 0 0 0 0 0	101	101	101	001101
001101	0 0 0 0 0 0 0 1 0	001	111	101	000001
010000	0 0 0 0 0 0 0 0 0	101	101	101	010010
010001	0 0 0 0 0 0 0 0 0	101	101	101	010100
010010	0 0 0 0 0 0 0 1 0	100	111	111	010111
010011	0 0 0 0 0 0 0 0 0	111	111	111	000001
010100	0 0 0 0 0 0 0 1 1	100	111	111	011000
010111	0 0 0 0 0 1 1 0 1	111	001	111	010000
011000	1 1 1 1 1 1 1 1 0	111	001	111	010001
011001	0 0 0 0 0 0 0 1 0	110	111	000	001000

六、实验内容及参考代码

本实验采用 5 条机器指令，根据上面所说的工作原理，设计参考实验程序如表 7-3 所示。

表 7-3 参考实验程序

地址(二进制)	机器指令(二进制)	助记符	说 明
0000 0000	0000 0000	IN AX，KIN	数据输入电路──►AX
0000 0001	0010 0001	MOV BX，01H	001H──►BX
0000 0010	0000 0001		
0000 0011	0001 0000	ADD AX，BX	AX+BX──►AX
0000 0100	0011 0000	OUT DISP，AX	AX──►输出显示电路
0000 0101	0100 0000	JMP 00H	00H──►PC
0000 0110	0000 0000		

注：其中 MOV、JMP 为双字长(32 位)指令，其余为单字长指令。对于双字长指令，第一字为操作码，第二字为操作数；对于单字长指令只有操作码，没有操作数。上述所有指令的操作码均为低 8 位有效，高 8 位默认为 0，而操作数 8 位和 16 位均可。KIN 和 DISP 分别为本系统专用输入、输出设备。

七、实验步骤

1. 单片机键盘控制操作方式实验

在进行单片机键盘控制实验时，必须把 K4 开关置于“OFF”状态，否则系统处于自锁状态，无法进行实验。

1) 实验连线

实验连线如图 7-3 所示。连线时应按如下方法：对于横排座，应使排线插头上的箭头面向自己插在横排座上；对于竖排座，应使排线插头上的箭头面向左边插在竖排座上。

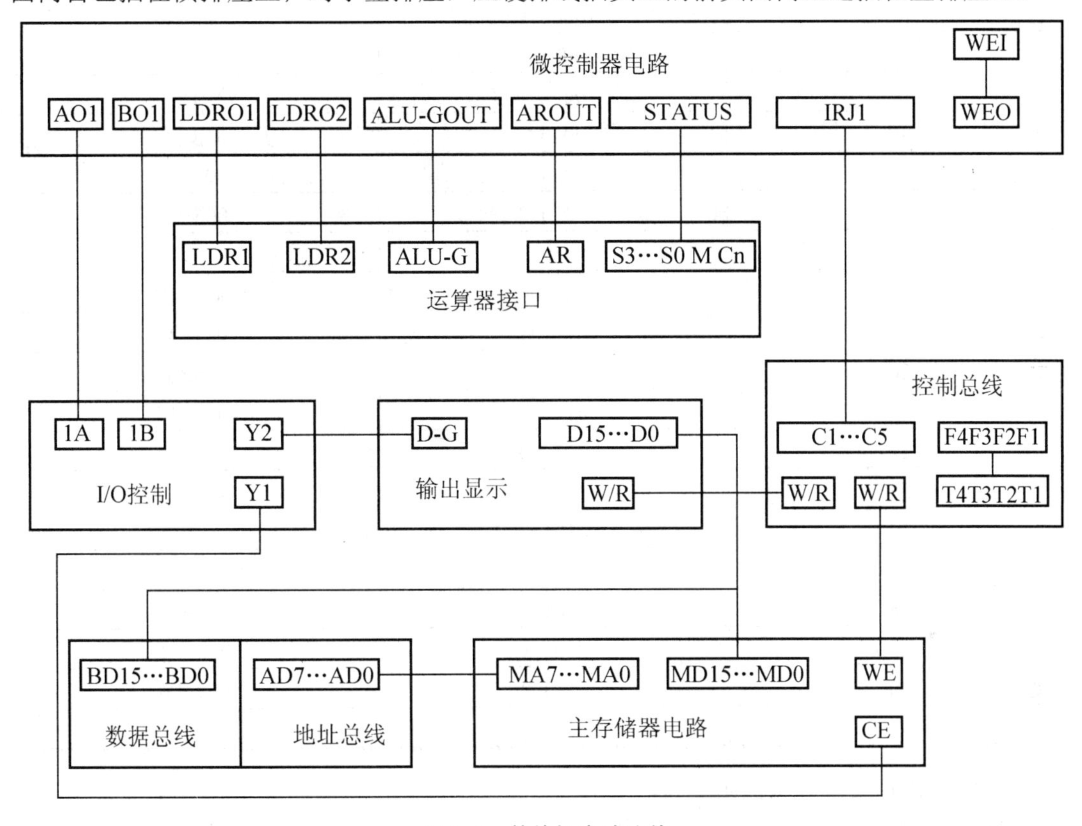

图 7-3　单片机实验连线

2) 写微代码

(1) 将开关 K1、K2、K3、K4 拨到写状态，即 K1 OFF、K2 ON、K3 OFF、K4 OFF，其中 K1、K2、K3 在微程序控制电路，K4 在 24 位微代码输入及显示电路上。在监控指示灯滚动显示【CLASS SELECT】状态下按【实验选择】键，显示【ES--_ _ 】输入 06 或 6，按【确认】键，显示为【ES06】。再按【确认】键。

(2) 监控显示【CtL1=_】，输入 1 显示【CtL1_1】，按【确认】键。

(3) 监控显示【U-Addr】，此时输入【000000】6 位二进制数表示的微地址，然后按【确认】键，监控指示灯显示【U_CodE】，这时输入微代码“007F90”，该微代码是用 6 位十六进制数来表示前面的 24 位二进制数，注意输入微代码的顺序，先右后左。按【确认】键则显示【PULSE】，按【单步】键完成一条微代码的输入，重新显示【U-Addr】提示输入第二条微代码地址。

(4) 按照上面的方法输入表 7-4 中的微代码，观察微代码与微地址显示灯的对应关系(注意输入微代码的顺序为由右至左的)。

表 7-4　实验七微代码

微地址(八进制)	微地址(二进制)	微代码(十六进制)
00	000000	007F90
01	000001	005B42
02	000010	016FD9
03	000011	0029C6
06	000110	9403C1
07	000111	010FC1
10	001000	018E01
11	001001	0041C3
12	001010	005B47
13	001011	02F1C1
14	001100	005B4D
15	001101	011F41
20	010000	005B52
21	010001	005B54
22	010010	014FD7
23	010011	007FC1
24	010100	01CFD8
25	010101	06F3C1
26	010110	011F41
27	010111	06F3D0
30	011000	FF73D1
31	011001	016E08

3) 读微代码及校验微代码

(1) 先将开关 K1、K2、K3、K4 拨到读状态，即 K1 OFF、K2 OFF、K3 ON、K4 OFF，按【RESET】键对单片机复位，使监控指示灯滚动显示【CLASS SELECT】状态。

(2) 按【实验选择】键，显示【ES--_ _】输入 06 或 6，按【确认】键，显示【ES06】。再按【确认】键。

(3) 监控显示【CtL1=_】时，输入 2，按【确认】显示【U-Addr】，此时输入 6 位二进制微地址，进入读代码状态。再按【确认】键显示【PULSE】，此时按【单步】键，微地址指示灯显示输入的微地址，同时微代码显示电路上显示该地址对应的微代码，至此完成一条微指令的读过程。

(4) 此时监控显示【U-Addr】，按上述步骤对照表 7-4 检查微代码是否有错误，如有错误，可按步骤 2)重新输入微代码。

4) 写机器指令

(1) 先将 K1、K2、K3、K4 拨到运行状态，即 K1 ON、K2 OFF、K3 ON、K4 OFF，

按【RESET】键对单片机复位，使监控指示灯滚动显示【CLASS SELECT】状态。

(2) 按【实验选择】键，显示【ES--_ _】输入 06 或 6，按【确认】键，显示【ES06】。再按【确认】键。

(3) 监控显示【CtL1=_】，按【取消】键，监控指示灯显示【CtL2=_】，输入 1 显示【CtL2_1】表示进入对机器指令操作状态，此时拨动 CLR 清零开关(在控制开关电路上，注意对应的 JUI 应短接)对地址寄存器、指令寄存器清零，清零结果是微地址指示灯(UA5～UA0)和地址指示灯(A7～A0)全灭，清零步骤是使其电平高—低—高，即 CLR 指示灯状态为亮—灭—亮(如不清零则会影响机器指令的输入)。确定清零后，按【确认】键。

(4) 监控显示闪烁的【PULSE】，连续按【单步】键，当微地址显示灯显示“010100”时按【确认】键，监控指示灯显示【DATA】，提示输入机器指令“00”或“0000”(两位或 4 位十六进制数)，输入后按【确认】键，显示【PULSE】，再按【单步】键，微地址显示灯显示“011000”，数据总线显示灯显示“0000000000000000”，即输入的机器指令。

(5) 再连续按【单步】键，当微地址显示灯显示“010100”时，按【确认】键输入第二条机器指令。依此规律逐条输入表 7-5 的机器指令，输完后，可连续按【取消】或【RESET】键退出写机器指令状态。

注意 每当微地址显示灯显示“010100”时，地址指示灯自动加 1 显示。如输入指令为 8 位，则高 8 位自动变为 0。

表 7-5　机器指令

地址(十六进制)	机器指令(十六进制)
00	0000
01	0021
02	0001
03	0010
04	0030
05	0040
06	0000

5) 读机器指令

在监控指示灯显示【CtL2=_】状态下，输入 2，显示【CtL2_2】，表示进入读机器指令状态，按步骤 4)的方法拨动清零开关 CLR 对地址寄存器和指令寄存器进行清零，然后按【确认】键，显示【PULSE】，连续按【单步】键，微地址显示灯从“000000”开始，然后按“010000”、“010010”、“010111”方式循环显示。当微地址显示灯再次显示为“010000”时，输出显示数码管上显示写入的机器指令。读的过程注意微地址显示灯、地址显示灯和数据总线显示灯的对应关系。如果发现机器指令有误，则需重新输入机器指令。

注意 机器指令存放在 RAM 里，断电后需重新输入。

6) 运行程序

在监控指示灯显示【CtL2=_】状态下，输入 3，显示【CtL2_3】，表示进入运行机器指

令状态，按步骤 4)的方法拨动 CLR 开关对地址寄存器和指令寄存器进行清零，使程序入口地址为“00H”，可以按【单步】键运行程序，也可以按【全速】键运行，运行过程中提示输入相应的量，运行结束后从输出显示电路上观察结果。

7) 实验结果说明

(1) 单步运行结果。在监控指示灯显示【run CodE】状态下，连续按【单步】键，可以单步运行程序。当微地址显示灯显示“001000”时，监控指示灯显示【DATA】，提示输入数据，即被加数，输入“1234”，按【确认】键，再连续按【单步】键，在微地址灯显示“010101”时，按【单步】键，此时可由输出显示电路的数码管观察结果为“1235”，即“1234＋0001＝1235”，同时数据显示灯显示“0001001000110101”，表示结果正确。

(2) 全速运行结果。在监控指示灯显示【run CodE】状态下，按【全速】键，则开始自动运行程序，在监控指示灯显示【DATA】时输入数据，按【确定】键，程序继续运行，此时可由输出显示电路的数码管显示加 1 运算结果。

2. 采用控制操作方式实验

本实验中所有控制开关拨动，相应指示灯亮代表高电平“1”，指示灯灭代表低电平“0”。连线时应注意：对于横排座，应使排线插头上的箭头面向自己插在横排座上；对于竖排座，应使排线插头上的箭头面向左边插在竖排座上。

1) 实验连线

在连线图 7-3 上更改如下连线。

断开控制总线 C1～C6 和 F4～F1 上的接线

数据输入电路 DIJ1	接	数据总线 BD7～BD0
数据输入电路 DIJ2	接	数据总线 BD15～BD8
数据输入电路 DIJ-G	接	I/O 控制电路 Y3
微控器接口 UAJ1	接	控制开关电路 UA5～UA0
脉冲源及时序电路 fin	接	脉冲源及时序电路 *f*/8
脉冲源及时序电路 T4～T1	接	控制总线 T4～T1
控制开关电路 CA1	接	控制总线 E4
控制开关电路 CA2	接	控制总线 E5

2) 实验步骤

(1) 写微代码(以写表 7-2 中的微代码为例)。首先将微程序控制电路上的开关 K1、K2、K3 拨到写状态，即 K1 OFF、K2 ON、K3 OFF，然后将 24 位微代码输入及显示电路上的开关 K4 拨到“ON”状态。置控制开关 UA5～UA0=“000000”，输入微地址“000000”，置 24 位微代码开关 MS24～MS1 为“00000000 01111111 10010000”，输入 24 位二进制微代码，按【单步】键，微地址灯显示“000 000”，写入微代码。保持 K1、K2、K3、K4 状态不变，写入表 7-2 中的所有微代码。

(2) 读微代码并验证结果。将微程序控制电路上的开关 K1、K2、K3 拨到读出状态，即 K1 OFF、K2 OFF、K3 ON，然后将 24 位微代码输入及显示电路上的开关 K4 拨到“OFF”状态。置控制开关 UA5～UA0=“000000”，输入微地址“000000”，按【单步】键，微地址灯显示“000 000”，24 位微代码显示“00000000 01111111 10010000”，即第一条微代码。保持 K1、K2、K3、K4 状态不变，改变 UA5～UA0 微地址的值，读出相应的微代码，并和表 7-2

中的微代码比较，验证是否正确。如发现有误，则需重新输入该微地址相应的微代码。

(3) 写机器指令。

① 将微程序控制电路上的开关 K1、K2、K3 拨到运行状态，即 K1 ON、K2 OFF、K3 ON，然后将 24 位微代码输入及显示电路上的开关 K4 拨到"OFF"状态。拨动控制开关电路上的清零开关 CLR 对地址寄存器、指令寄存器清零。

② 确定清零后，把控制开关 CA1、CA2 置为"10"，按【单步】键，微地址显示灯显示"010001"，再按【单步】键，微地址灯显示"010100"，此时通过数据输入电路的开关输入要写入的机器指令，置 D15～D0="000000000000 0000"，按【单步】键，微地址显示灯显示"011000"，数据总线显示灯显示"00000000000000"，即输入的机器指令。这样就完成了本实验的第一条机器指令。

③ 连续按【单步】键，微地址显示灯再次显示"010100"时，按上面的方法通过数据输入电路的开关输入第二条机器指令指令"0000000000010000"，直至写完表 7-2 的所有二进制机器指令。

注意 每当微地址显示灯(黄色)显示"010100"时，地址指示灯自动加 1 显示。

(4) 读机器指令及校验机器指令。拨动控制开关电路上的清零开关 CLR 对地址寄存器、指令寄存器清零，清零结果是微地址指示灯(6 个黄色指示灯)和地址指示灯(8 个黄色指示灯，在地址寄存器电路上)全灭，将 CA1、CA2 开关置为"00"，连续按【单步】键，黄色微地址显示灯显示从"000000"开始，然后按"010000"、"010010"、"010111"方式循环显示。当微地址灯再次显示为"010000"时，输出显示数码管上显示写入的机器指令。读的过程注意微地址显示灯、地址显示灯和数据总线显示灯的对应关系。如果发现机器指令有误，则需重新输入机器指令。

注意 机器指令存放在 RAM 里，断电后需重新输入。

(5) 运行程序。将微程序控制电路上的开关 K1、K2、K3 拨到运行状态，即 K1 ON、K2 OFF、K3 ON，然后将 24 位微代码输入及显示电路上的开关 K4 拨到"OFF"状态。拨动控制开关电路上的清零开关 CLR 对地址寄存器、指令寄存器清零，清零结果是微地址指示灯(6 个黄色指示灯)和地址指示灯(8 个黄色指示灯，在地址寄存器电路上)全灭，使程序的入口地址为"00H"，置 CA1、CA2 为"11"，连续按【单步】键，当微地址显示灯显示"001 000"时，通过数据输入电路输入二进制数据"0001001000110101"，再连续按【单步】键，在微地址灯显示"010101"时，按【单步】键，此时可由输出显示电路的数码管观察结果为"1235H"，同时数据显示灯显示"0001001000110101"，表示结果正确。

实验八　EL-JY-Ⅱ实验系统的带移位运算模型机组成原理实验

一、实验目的

在实验七的基础上进一步构造一台带移位功能的简单模型机。

二、预习要求

认真预习本实验的相关知识和内容。

三、实验设备

EL-JY-II 型计算机组成原理实验系统一套，排线若干。

四、模型机结构

模型机结构如图 8-1 所示。

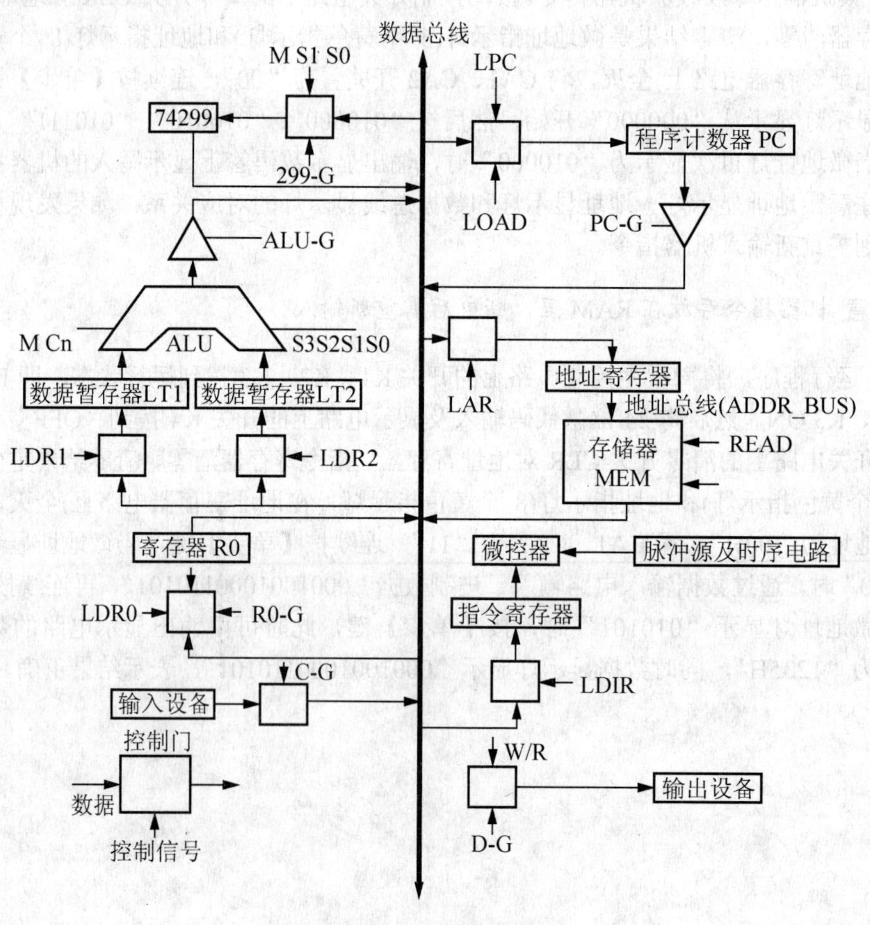

图 8-1　模型机结构

图 8-1 中运算器 ALU 由 U7～U10 四片 74LS181 构成，数据暂存器 LT1 由 U3、U4 两片 74LS273 构成，数据暂存器 LT2 由 U5、U6 两片 74LS273 构成。微控器部分的控制存储由 U13～U15 三片 2816 构成。除此之外，CPU 的其他部分都由 EP1K10 集成(其原理见附录 A 中 EL-JY-II 计算机组成原理实验系统相关的实验介绍部分)。

存储器部分由两片 6116 构成 16 位存储器，地址总线只有低 8 位有效，因而其存储空间为 00H～FFH。

输出设备由底板上的 4 个 LED 数码管及其译码器、驱动电路构成，当 D-G 和 W/R 均为低电平时将数据总线的数据送入数码管显示。在开关方式下，输入设备由 16 位电平开关及两个三态缓冲芯片 74LS244 构成，当 DIJ-G 为低电平时将 16 位开关状态送上数据总线。在键盘方式或联机方式下，数据可由键盘或上位机输入，然后由监控程序直接送上数据总线，因而外加的数据输入电路可以不用。

注：本系统的数据总线为 16 位，指令、地址和程序计数器均为 8 位。当数据总线上的数据打入指令寄存器、地址寄存器和程序计数器时，只有低 8 位有效。

五、工作原理

首先设计 3 个控制操作微程序。

存储器读操作(MRD)：拨动清零开关 CLR 对地址、指令寄存器清零后，指令译码输入 CA1、CA2 为“00”时，按【单步】键，可对 RAM 进行连续读操作。

存储器写操作(MWE)：拨动清零开关 CLR 对地址、指令寄存器清零后，指令译码输入 CA1、CA2 为“10”时，按【单步】键，可对 RAM 进行连续写操作。

启动程序(RUN)：拨动清零开关 CLR 对地址、指令寄存器清零后，指令译码输入 CA1、CA2 为“11”时，按【单步】键，即可转入到第 01 号“取址”微指令，启动程序运行。

注：CA1、CA2 由控制总线的 E4、E5 赋值，无须接线。开关方式时 E4、E5 接至 CA1、CA2，由开关来控制。

本系统设计的微指令字长共 24 位，其控制位顺序如下。

24	23	22	21	20	19	18	17	16	15 14 13	12 11 10	9 8 7	6	5	4	3	2	1
S3	S2	S1	S0	M	Cn	WE	1A	1B	F1	F2	F3	UA5	UA4	UA3	UA2	UA1	UA0

F1、F2、F3 三个字段的编码方案如表 8-1 所示。

表 8-1　F1、F2、F3 三个字段的编码方案

F1 字段		F2 字段		F3 字段	
15 14 13	选择	12 11 10	选择	9 8 7	选择
0 0 0	LDRi	0 0 0	RAG	0 0 0	P1
0 0 1	LOAD	0 0 1	ALU-G	0 0 1	AR
0 1 0	LDR2	0 1 0	RCG	0 1 0	P3
0 1 1	自定义	0 1 1	自定义	0 1 1	自定义
1 0 0	LDR1	1 0 0	ABG	1 0 0	P2
1 0 1	LAR	1 0 1	PC-G	1 0 1	LPC

续表

F1 字段		F2 字段		F3 字段	
15 14 13	选择	12 11 10	选择	9 8 7	选择
1 1 0	LDIR	1 1 0	299-G	1 1 0	P4
1 1 1	无操作	1 1 1	无操作	1 1 1	无操作

系统涉及的微程序流程如图 8-2 所示(图中各方框内为微指令所执行的操作，方框外的标号为该条微指令所处的八进制微地址)。控制操作为 P4 测试，它以 CA1、CA2 作为测试条件，出现了写机器指令、读机器指令和运行机器指令的 3 路分支，占用 3 个固定微地址单元。当分支微地址单元固定后，剩下的其他地方就可以一条微指令占用控存一个微地址单元地随意填写。

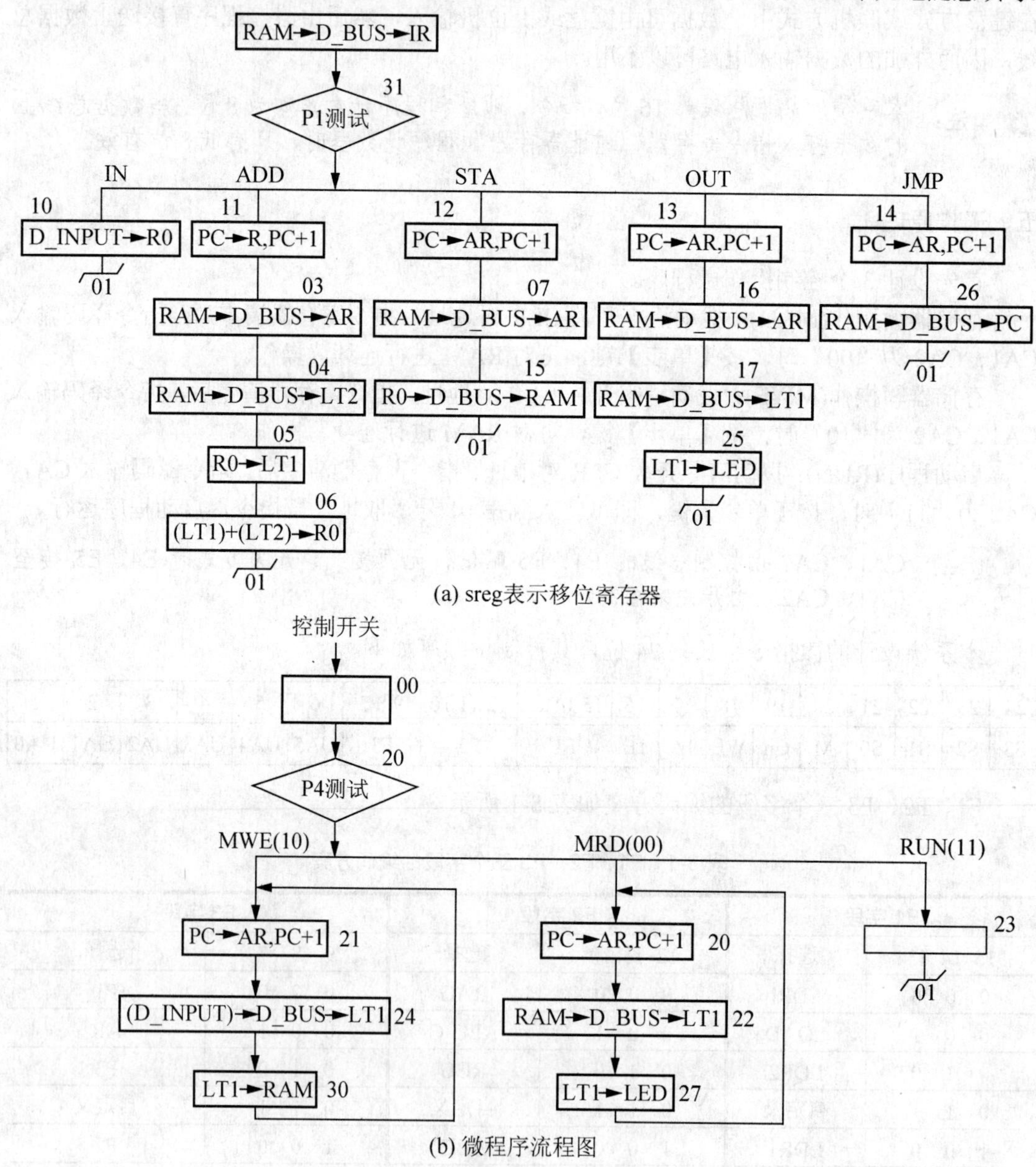

(a) sreg表示移位寄存器

(b) 微程序流程图

图 8-2 微指令执行流程图

机器指令的执行过程如下：首先将指令在外存储器的地址送到地址总线，然后将该地址上的指令传送至指令寄存器，这就是“取指”过程；之后不需对操作码进行 P1 测试，根据指令的译码将后续微地址中某几位强制置位，使下一条微指令指向相应的微程序首地址，这就是“译码”过程；然后才顺序执行该段微程序，这是真正的指令执行过程。

在所有机器指令的执行过程中，“取指”和“译码”是必不可少的，而且微指令执行的操作也是相同的，这些微指令称为公用微指令，对应于图 8-2 中 01、02、31 地址的微指令。31 地址为“译码”微指令，该指令的操作为 P1 测试，结果出现多路分支。本实验用指令寄存器的前 4 位(I7～I4)作为测试条件，出现 7 路分支，占用 7 个固定微地址单元。

当全部微程序设计完毕后，应将每条微指令代码化，表 8-2 即为将图 8-2 的微程序流程按微指令格式转化而成的“二进制微代码表”。

表 8-2　实验八二进制微代码

微地址	S3	S2	S1	S0	M	Cn	WE	1A	1B	F1	F2	F3	UA5～UA0
000000	0	0	0	0	0	0	0	0	0	111	111	110	010000
000001	0	0	0	0	0	0	0	0	0	101	101	101	000010
000010	0	0	0	0	0	0	0	1	0	110	111	111	011001
000011	0	0	0	0	0	0	0	0	0	010	100	111	000110
000110	1	0	0	1	0	1	0	0	0	000	001	111	000001
000111	0	0	0	0	0	0	0	1	0	000	111	111	000001
001000	0	0	0	0	0	0	0	1	1	000	111	000	000001
001001	0	0	0	0	0	0	0	0	0	100	000	111	000011
001010	0	0	0	0	0	0	0	0	0	101	101	101	000111
001011	0	0	0	0	0	0	1	0	1	111	000	111	000001
001100	0	0	0	0	0	0	0	0	0	101	101	101	011010
001101	0	0	1	1	0	0	0	0	0	000	000	111	011011
001110	0	0	1	1	0	0	0	0	0	000	000	111	011101
010000	0	0	0	0	0	0	0	0	0	101	101	101	010010
010001	0	0	0	0	0	0	0	0	0	101	101	101	010100
010010	0	0	0	0	0	0	0	1	0	100	111	111	010111
010011	0	0	0	0	0	0	0	0	0	111	111	111	000001
010100	0	0	0	0	0	0	0	1	1	100	111	111	011000
010111	0	0	0	0	0	1	1	0	1	111	001	111	010000
011000	1	1	1	1	1	1	1	1	0	111	001	111	010001
011001	0	0	0	0	0	0	0	1	0	110	111	000	001000
011010	0	0	0	0	0	0	0	1	0	001	111	101	000001
011011	0	0	0	1	0	0	0	0	0	111	110	111	011100
011100	0	0	0	0	0	0	0	0	0	000	110	111	000001
011101	0	0	1	0	0	0	0	0	0	111	110	111	011110
011110	0	0	0	0	0	0	0	0	0	000	110	111	000001

六、实验参考代码

本实验采用9条机器指令，根据上面所说的工作原理，设计参考实验程序如表8-3所示。

表8-3 参考实验程序

地址(二进制)	机器指令码	助记符	说 明
00000000	00000000	IN AX，KIN	数据输入电路──►AX
00000001	00100001	MOV BX，01H	0001H──►BX
00000010	00000001		
00000011	01010000	ROL AX	AX循环左移一位
00000100	00010000	ADD AX，BX	AX+BX──►AX
00000101	00110000	ROR AX	AX循环右移一位
00000110	00110000	OUT DISP AX	AX──►输出显示电路
00000111	01000000	JMP 00H	00H──►
00000110	00000000		

注：其中MOV、JMP为双字长(32位)指令，其余为单字长指令。对于双字长指令，第一字为操作码，第二字为操作数；对于单字长指令只有操作码，没有操作数。上述所有指令均为低8位，其高8位均默认为0。而操作数8位和16位均可。KIN和DISP分别为本系统专用输入、输出设备。

七、实验步骤

1. 单片机键盘控制操作方式实验

在进行单片机键盘控制实验时，必须把K4开关置于“OFF”状态，否则系统处于自锁状态，无法进行实验。

1) 实验连线

实验连线如图8-3所示。连线时应按如下方法：对于横排座，应使排线插头上的箭头面向自己插在横排座上；对于竖排座，应使排线插头上的箭头面向左边插在竖排座上。

2) 写微代码

(1) 将开关K1、K2、K3、K4拨到写状态，即K1 OFF、K2 ON、K3 OFF、K4 OFF，其中K1、K2、K3在微程序控制电路，K4在24位微代码输入及显示电路上。在监控指示灯滚动显示【CLASS SELECT】状态下按【实验选择】键，显示【ES--_ _】输入07或7，按【确认】键，显示为【ES07】。再按【确认】键。

(2) 监控显示为【CtL1=_】，表示对微代码进行操作。输入1显示【CtL1_1】，表示写微代码，按【确认】键。

(3) 监控显示【U-Addr】，此时输入“000000”6位二进制数表示的微地址，然后按【确认】键，监控指示灯显示【U_CodE】，此时输入微代码“007F90”，该微代码是用6位十六进制数来表示前面的24位二进制数，注意输入微代码的顺序，先右后左，按【确认】键则显示【PULSE】，按【单步】键完成一条微代码的输入，重新显示【U-Addr】提示输入表 8-4 所示的第二条微代码地址。

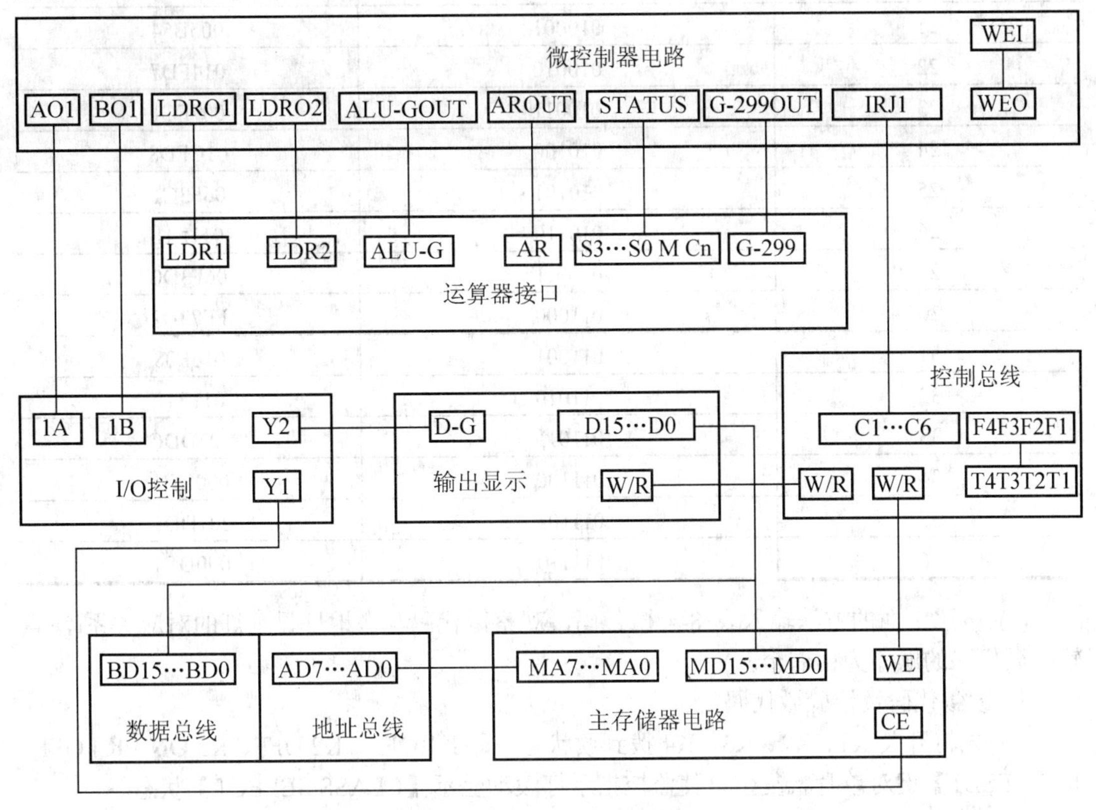

图 8-3　单片机键盘实验连线

表 8-4　实验八微代码

微地址(八进制)	微地址(二进制)	微代码(十六进制)
00	000000	007F90
01	000001	005B42
02	000010	016FD9
03	000011	0029C6
06	000110	9403C1
07	000111	010FC1
10	001000	018E01
11	001001	0041C3
12	001010	005B47
13	001011	02F1C1
14	001100	005B5A
15	001101	3001DB
16	001110	3001DD
20	010000	005B52

续表

微地址(八进制)	微地址(二进制)	微代码(十六进制)
21	010001	005B54
22	010010	014FD7
23	010011	007FC1
24	010100	01CFD8
25	010101	06F3C1
26	010110	011F41
27	010111	06F3D0
30	011000	FF73D1
31	011001	016E08
32	011010	011F41
33	011011	107DDC
34	011100	000DC1
35	011101	207DDE
36	011110	000DC1

(4) 按照上面的方法输入表 8-4 微代码，观察微代码与微地址显示灯的对应关系(注意输入微代码的顺序为由右至左)。

3) 读微代码及校验微代码

(1) 先将开关 K1、K2、K3、K4 拨到读状态，即 K1 OFF、K2 OFF、K3 ON、K4 OFF，按【RESET】键对单片机复位，使监控指示灯滚动显示【CLASS SELECT】状态。

(2) 按【实验选择】键，显示【ES--_ _】输入 07 或 7，按【确认】键，显示【ES07】。按【确认】键，显示【CtL1=_】时，输入 2，按【确认】键进入读代码状态。

(3) 监控显示【U-Addr】，此时输入 6 位二进制微地址，再按【确认】键显示【PULSE】，此时按【单步】键，微地址指示灯显示输入的微地址，微代码显示电路上显示该地址对应的微代码，至此完成一条微指令的读过程。

(4) 此时监控显示【U-Addr】，按照上述步骤继续输入微地址，对照表 8-4 检查微代码是否有错误，如有错误，可按上述步骤重新写入微代码。

4) 写机器指令

(1) 先将 K1、K2、K3、K4 拨到运行状态即 K1 ON、K2 OFF、K3 ON、K4 OFF，按【RESET】键对单片机复位，使监控指示灯滚动显示【CLASS SELECT】状态。

(2) 按【实验选择】键，显示【ES--_ _】输入 07 或 7，按【确认】键，显示【ES07】。再按【确认】键。

(3) 显示【CtL1=_】，按【取消】键，监控指示灯显示【CtL2=_】，输入 1 显示【CtL2_1】表示进入对机器指令操作状态，此时拨动清零开关 CLR 对地址寄存器、指令寄存器清零。

(4) 确定清零后，按【确认】键显示闪烁的【PULSE】，连续按【单步】键，微地址显示灯显示“010100”时，按【确认】键，监控指示灯显示【Data】，提示输入机器指令“00”或“0000”(两位十六进制数)，输入后按【确认】键，显示【PULSE】，再按【单步】键，微地址显示灯显示“011000”，数据总线显示灯(16 个绿色指示灯)显示“0000000000000000”，即输入的机器指令。此时一条机器指令完成。

(5) 连续按【单步】键，当微地址显示灯再次显示“010100”时，按【确认】键输入第二条机器指令。依此规律逐条输入表 8-5 中的机器指令，输完后，可连续按【取消】或【RESTE】键，退出写机器指令状态。

注意　每当微地址显示灯显示“010100”时，地址指示灯均自动加 1 显示。如果输入指令为 8 位，则高 8 位自动变为 0。

表 8-5　实验八机器指令

地址(十六进制)	机器指令(十六进制)
00	0000
01	0021
02	0001
03	0050
04	0010
05	0060
06	0030
07	0040
08	0000

5) 读机器指令及校验机器指令

在监控指示灯显示【CtL2=_】状态下，输入 2，显示【CtL2_2】，表示进入读机器指令状态，按步骤 4)中的方法拨动清零开关 CLR 对地址寄存器和指令寄存器进行清零，然后按【确认】键，显示【PULSE】，连续按【单步】键，微地址显示灯显示从“000000”开始，然后按“010000”、“010010”、“010111”方式循环显示。只有当微地址灯再次显示为“010000”时，输出显示数码管上显示写入的机器指令。读的过程注意微地址显示灯，地址显示灯和数据总线显示灯的对应关系。如果发现机器指令有误，则需重新输入机器指令。

注意　机器指令存放在 RAM 里，掉电丢失，故断电后需重新输入。

6) 运行程序

在监控指示灯显示【CtL2=_】状态下，输入 3，显示【CtL2_3】，表示进入运行机器指令状态，按步骤 4)中的方法拨动清零开关 CLR 对地址寄存器和指令寄存器进行清零，使程序入口地址为“00H”，可以按【单步】键运行程序，也可以按【全速】键运行，运行过程中提示输入相应的量，运行结束后从输出显示电路上观察结果。

7) 实验结果说明

注意　进位指示灯 Z 在运算器电路上，亮表示为“1”，灭表示为“0”。

本实验结果：输入一数据，循环左移一位，然后执行加 1 运算，接着对结果循环右移一位，可从数据总线观察结果，也可从输出显示电路数码管观察执行结果。

(1) 单步运行结果。

在监控指示灯显示【run CodE】状态下，连续按【单步】键，可以单步运行程序。当

微地址显示灯显示“001 000”时，按【单步】键，监控指示灯显示【dAta】，提示输入数据，输入8000，按【确认】键，再连续按【单步】键，在微地址灯显示“000 111”时，按【单步】键，此时可由数据总线显示灯显示“0000000000000001”，即立即数“0001H”；再连续按【单步】键。

在微地址灯显示“011 100”时，按【单步】键，数据总线显示灯显示“0000000000000001”即8000H循环左移一位；再连续按【单步】键，在微地址灯显示“000110”时，按【单步】键，数据总线显示灯显示“0000000000000010”即“8000H”循环左移后加1；再连续按【单步】键，在微地址灯显示“011 110”时，按【单步】键，数据总线显示灯显示“0000000000000001”即循环右移后的最终结果。

(2) 全速运行结果。

在监控指示灯显示【run CodE】状态下，按【全速】键，则开始自动运行程序，在监控指示灯显示【DATA】时输入数据“8000”，按【确定】键，程序继续运行，此时可由输出显示电路的数码管显示运算结果“0001”。

2. *开关控制操作方式实验*

本实验中所有控制开关拨动，相应指示灯亮代表高电平“1”，指示灯灭代表低电平“0”。

连线时应注意：对于横排座，应使排线插头上的箭头面向自己插在横排座上；对于竖排座，应使排线插头上的箭头面向左边插在竖排座上。

1) 实验连线

在图8-3连线图上更改以下连线。

断开控制总线C1～C6和F4～F1上的接线

数据输入电路DIJ1	接	数据总线BD7～BD0
数据输入电路DIJ2	接	数据总线BD15～BD8
数据输入电路DIJ-G	接	I/O控制电路Y3
微控器接口UAJ1	接	控制开关电路UA5～UA0
脉冲源及时序电路fin	接	脉冲源及时序电路*f*/8
脉冲源及时序电路T4～T1	接	控制总线T4～T1
控制开关电路CA1	接	控制总线E4
控制开关电路CA2	接	控制总线E5

2) 实验步骤

(1) 写微代码(以写表8-4中的微代码为例)。首先将微程序控制电路上的开关K1、K2、K3拨到写入状态，即K1 OFF、K2 ON、K3 OFF，然后将24位微代码输入及显示电路上的开关K4拨到“ON”状态。置控制开关UA5～UA0=“000000”，输入微地址“000000”，置24位微代码开关MS24～MS1为“00000000 01111111 10010000”，输入24位二进制微代码,即“007F90”，按【单步】键，微地址灯显示“000 000”，写入微代码。保持K1、K2、K3、K4状态不变，写入表8-4中的所有微代码。

(2) 读微代码并验证结果。将微程序控制电路上的开关K1、K2、K3拨到读出状态，即K1 OFF、K2 OFF、K3 ON，然后将24位微代码输入及显示电路上的开关K4拨到“OFF”状态。置控制开关UA5～UA0=“000000”，输入微地址“000000”，按【单步】键，微地址灯显示“000 000”，24位微代码显示“00000000 01111111 10010000”，即第一条微代码。

保持 K1、K2、K3、K4 状态不变，改变 UA5～UA0 微地址的值，读出相应的微代码，并和表 8-4 中的微代码比较，验证是否正确。如发现有误，则需重新输入该微地址相应的微代码。

(3) 写机器指令。将微程序控制电路上的开关 K1、K2、K3 拨到运行状态，即 K1 ON、K2 OFF、K3 ON，然后将 24 位微代码输入及显示电路上的开关 K4 拨到“OFF”状态。拨动控制开关电路上的清零开关 CLR 对地址寄存器、指令寄存器清零。确定清零后，把控制开关 CA1、CA2 置为“10”，连续按【单步】键，微地址显示灯显示“010001”后，再按一次【单步】键，微地址灯显示“010100”，此时，通过数据输入电路开关输入要写入的机器指令，置 D15～D0=“000000000000 0000”，按【单步】键，即完成本实验的第一条机器指令输入，再连续按【单步】键，当微地址再次显示灯“010100”时，按上面的方法通过数据输入电路的开关输入第二条机器指令指令“000000000010 0001”，直至写完表 8-5 中的所有二进制机器指令。

注意 每当微地址显示灯显示“010100”时，地址指示灯自动加 1 显示。

(4) 读机器指令及校验机器指令。拨动控制开关电路上的清零开关 CLR 对地址寄存器、指令寄存器清零，清零结果是微地址指示灯(6 个黄色指示灯)和地址指示灯(8 个黄色指示灯，在地址寄存器电路上)全灭，将 CA1、CA2 开关置为“00”，连续按【单步】键，黄色微地址显示灯显示从“000000”开始，然后按“010000”、“010010”、“010111”方式循环显示。只有当黄色微地址灯显示为“010000”时，输出显示数码管上显示写入的机器指令。读的过程注意微地址显示灯、地址显示灯和数据总线显示灯的对应关系。如果发现机器指令有误，则需重新输入机器指令。

注意 机器指令存放在 RAM 里，断电后需重新输入。

(5) 运行程序。将微程序控制电路上的开关 K1、K2、K3 拨到运行状态，即 K1 ON、K2 OFF、K3 ON，然后将 24 位微代码输入及显示电路上的开关 K4 拨到“OFF”状态。拨动控制开关电路上的清零开关 CLR 对地址寄存器、指令寄存器清零，将 CA1、CA2 开关置为“11”连续按【单步】键，当微地址显示灯显示“001000”时，通过数据输入电路输入二进制数据“100000000000 0000”，再连续按【单步】键。参考键盘控制操作方式实验的结果来观察结果是否正确。

实验九　EL-JY-Ⅱ实验系统的复杂模型机组成原理实验

一、实验目的

在实验八的基础上，构造一个指令系统，实现比较完整的模型及功能。

二、预习要求

认真预习本实验的相关知识和内容。

三、实验设备

EL-JY-II 型计算机组成原理实验系统一套，排线若干。

四、模型机结构

模型机结构如图 9-1 所示。

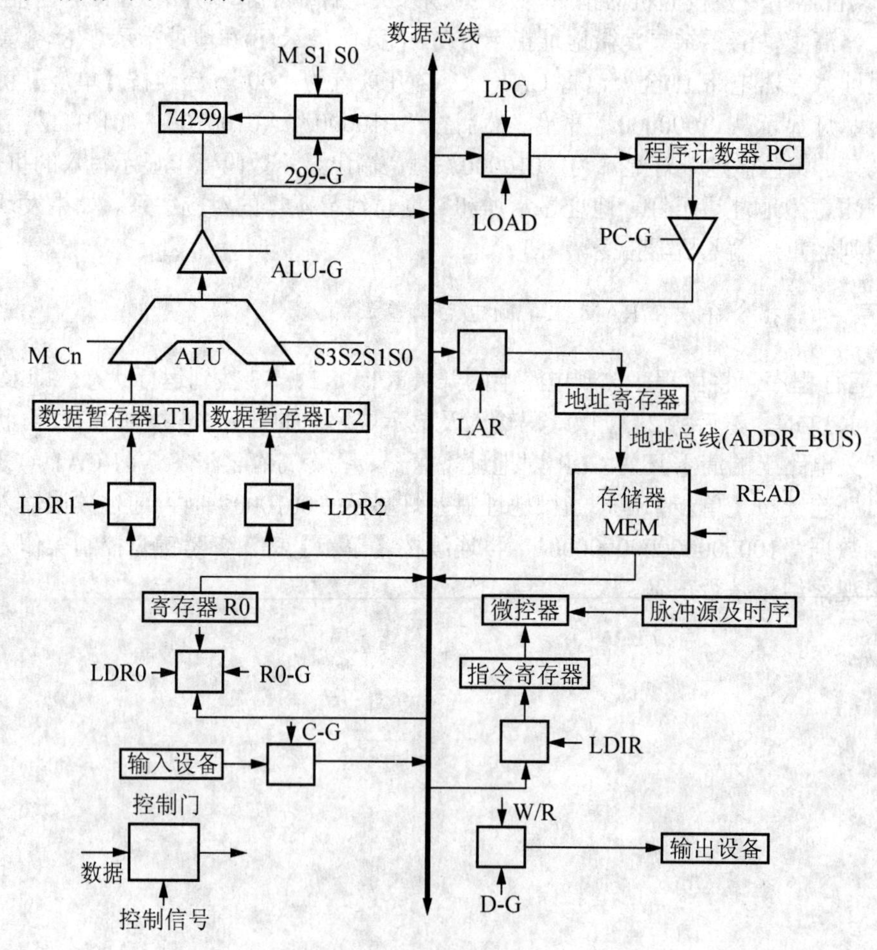

图 9-1　模型机结构

图 9-1 中运算器 ALU 由 U7～U10 四片 74LS181 构成，数据暂存器 LT1 由 U3、U4 两片 74LS273 构成，数据暂存器 LT2 由 U5、U6 两片 74LS273 构成。微控制器部分的控制存储由 U13～U15 三片 2816 构成。除此之外，CPU 的其他部分都由 EP1K10 集成(其原理见附录 A 中 EL-JY-II 计算机组成原理实验系统相关的实验介绍部分)。

存储器部分由两片 6116 构成 16 位存储器，地址总线只有低 8 位有效，因而其存储空间为 00H～FFH。

输出设备有底板上的 4 个 LED 数码管及其译码器、驱动电路构成，当 D-G 和 W/R 均为低电平时，将数据总线的数据送入数码管显示。在开关方式下，输入设备由 16 位电平开关及两个三态缓冲芯片 74LS244 构成，当 DIJ-G 为低电平时将 16 位开关状态送上数据总线。在键盘方式或联机方式下，数据可由键盘或上位机输入，然后由监控程序直接送上数据总线，因而外加的数据输入电路可以不用。

注　本系统的数据总线为 16 位，指令、地址和程序计数器均为 8 位。当数据总线上的数据打入指令寄存器、地址寄存器和程序计数器时，只有低 8 位有效。

五、工作原理

1. 数据格式

本实验计算机采用定点补码表示法表示数据，字长为 8 位，其格式如下。

15	14　13　12　…　0
符号	尾　　数

其中第 16 位为符号位，数值表示范围是-32768≤X<32767。

2. 指令格式

1) 算术逻辑指令

设计 9 条算术逻辑指令并用单字节表示，寻址方式采用寄存器直接寻址，其格式如下。

7　6　5　4	3　2	1　0
OP-CODE	rs	rd

其中 OP-CODE 为操作码，rs 为源寄存器，rd 为目的寄存器(表 9-1)，并规定如下。

OP-CODE	0111	1000	1001	1010	1011	1100	1101	1110	1111
指令	CLR	MOV	ADD	SUB	INC	AND	NOT	ROR	ROL

表 9-1　源寄存器和目的寄存器功能

rs 或 rd	选定寄存器
00	AX
01	BX
10	CX

9 条算术逻辑指令的名称、功能和具体格式如表 9-2 所示。

表 9-2 实验九指令格式

汇编符号	指令的格式	功能
MOV rd，rs	1000 rs rd	rs → rd
ADD rd，rs	1001 rs rd	rs+rd → rd
SUB rd，rs	1010 rs rd	rd - rs → rd
INC rd	1011 rd rd	rd+1 → rd
AND rd，rs	1100 rs rd	rs∧rd → rd
NOT rd	1101 rd rd	$\overline{rd}$ → rd
ROR rd	1110 rd rd	→rd→（循环右移）
ROL rd	1111 rd rd	←rd←（循环左移）
MOV [D]，rd	00 10 00 rd D	rd → [D]
MOV rd，[D]	00 10 01 rd D	[D] → rd
MOV rd，D	00 00 10 rd D	D → rd
JMP D	00 00 10 00 D	D → PC
IN rd，KIN	0100 01 rd	KIN → rd
OUT DISP，rd	0100 01 rd	rd → DISP

2) 存储器访问及转移指令

存储器的访问有两种，即存数和取数，他们都是有助记符 MOV，但是操作码不同。转移指令只有一种，即无条件转移(JMP)指令格式如下。

7 6	5 4	3 2	1 0
00	M	OP-CODE	rd
D			

其中 OP-CODE 为操作码(见表 9-3)，rd 为寄存器，M 为寻址模式，D 随 M 的不同其定义也不同，如表 9-4 所示。

表 9-3 操作码功能

OP-CODE	00	01	10
指令说明	写存储器	读存储器	转移指令

表 9-4 不同寻址模式功能

寻址模式 M	有效地址 E	D 定义	说明
00	E=(PC)+1	立即数	立即寻址
10	E=D	直接地址	直接寻址
11	E=100H+D	直接地址	扩展直接寻址

注：扩展直接寻址用于面包板上扩展的存储器的寻址。

3) I/O 指令

输入(IN)和输出(OUT)指令采用单字节指令，其格式如下。

7　6　5　4	3　2	1　0
OP-CODE	addr	rd

其中当 OP-CODE =0100 时，addr=10 时，从“数据输入电路”中的开关组输入数据；当 OP-CODE=0100 时，addr=01 时，addr=10 时，将数据送到“输出显示电路”中的数码管显示。

3. 指令系统

本机共有 14 条基本指令，其中算术逻辑指令 8 条，访问内存指令和程序控制指令 4 条，输入输出指令 2 条。表 9-2 列出了各条指令的格式、汇编符号和指令功能。

4. 设计微代码

首先设计以下 3 个控制操作微程序。

存储器读操作(MRD)：拨动清零开关 CLR 对地址、指令寄存器清零后，指令译码输入 CA1、CA2 为“00”时，按【单步】键，可对 RAM 进行连续读操作。

存储器写操作(MWE)：拨动清零开关 CLR 对地址、指令寄存器清零后，指令译码输入 CA1、CA2 为“10”时，按【单步】键，可对 RAM 进行连续写操作。

启动程序(RUN)：拨动清零开关 CLR 对地址、指令寄存器清零后，指令译码输入 CA1、CA2 为“11”时，按【单步】键，即可转入到第 01 号“取址”微指令，启动程序运行。

注：CA1、CA2由控制总线的E4、E5给出。键盘控制操作方式时由监控程序直接对E4、E5赋值，无须接线。开关方式时可将E4、E5接至控制开关CA1、CA2，由开关来控制。

本系统设计的微程序字长共 24 位，其控制位顺序如下。

24	23	22	21	20	19	18	17	16	15 14 13	12 11 10	9 8 7	6	5	4	3	2	1
S3	S2	S1	S0	M	Cn	WE	1A	1B	F1	F2	F3	UA5	UA4	UA3	UA2	UA1	UA0

F1、F2、F3 三个字段的编码方案如表 9-5 所示。

表 9-5　F1、F2、F3 三个字段的编码方案表

F1 字段		F2 字段		F3 字段	
15 14 13	选择	12 11 10	选择	9 8 7	选择
0 0 0	LDRi	0 0 0	RAG	0 0 0	P1
0 0 1	LOAD	0 0 1	ALU-G	0 0 1	AR
0 1 0	LDR2	0 1 0	RCG	0 1 0	P3
0 1 1	自定义	0 1 1	自定义	0 1 1	自定义
1 0 0	LDR1	1 0 0	RBG	1 0 0	P2
1 0 1	LAR	1 0 1	PC-G	1 0 1	LPC
1 1 0	LDIR	1 1 0	299-G	1 1 0	P4
1 1 1	无操作	1 1 1	无操作	1 1 1	无操作

系统涉及的微程序流程如图 9-2 所示(图 9-2 中各方框内为微指令所执行的操作，方框外的标号为该条指令所处的八进制微地址)。控制操作为 P4 测试，它以 CA1、CA2 作为测试条件，出现了写机器指令、读机器指令和运行机器指令 3 路分支，占用 3 个固定微地址单元。当分支微地址单元固定后，剩下的其他地方就可以一条微指令占用控存一个微地址单元地随意填写。

机器指令的执行过程：首先将指令在外存储器的地址送上地址总线，然后将该地址上的指令传送至指令寄存器，这就是“取指”过程；之后必须对操作码进行 P1 测试，根据指令的译码将后续微地址中的某几位强制置位，使下一条微指令指向相应的微程序首地址，这就是“译码”过程；然后才顺序执行该段微程序，这就是真正的指令执行过程。

在所有机器指令的执行过程中，“取指”和“译码”是必不可少的，而且微指令执行的操作也是相同的，这些微指令称为公用微指令。对应于图 9-2(b)中的 01、02、75 地址的微指令。75 地址“译码”微指令，该微指令的操作为 P1 测试，测试结果出现多路分支。本实验用指令寄存器的前 4 位(I7～I4)作为测试条件，出现 12 路分支，占用 12 个固定微地址单元。如果 I7～I4 相同，则还需进行 P2 测试，以指令寄存器 I3、I2 位作为测试条件，以区别不同指令，如 MOV 指令和 IN、OUT 指令。

表 9-6 中所示的代码即为将图 9-2 所示的微程序流程按微程序格式转化而成的二进制微代码。

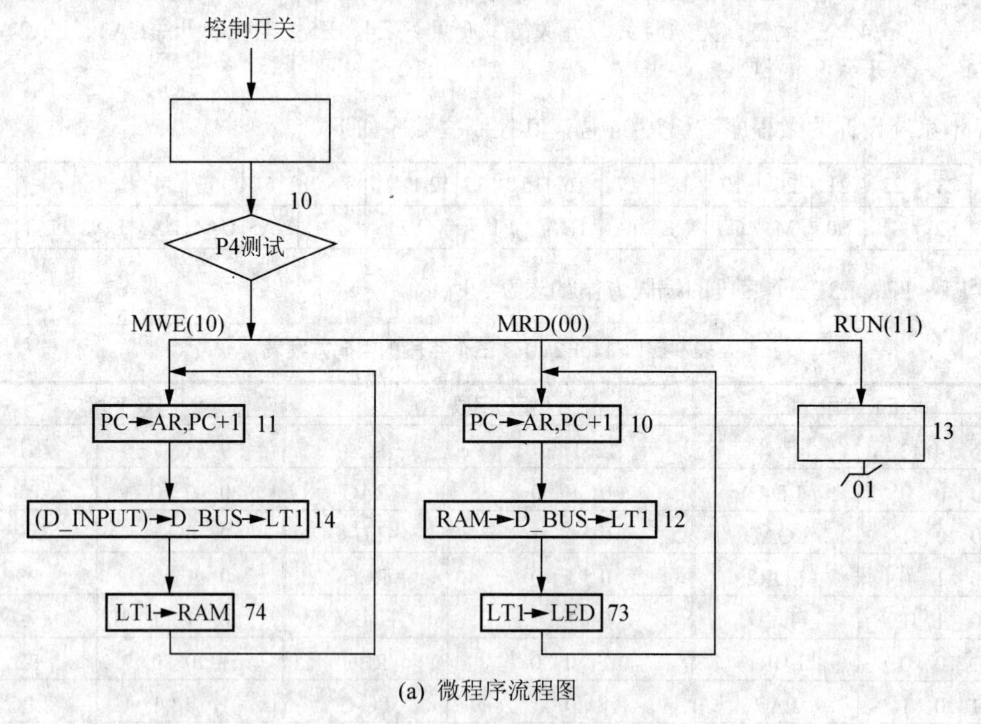

(a) 微程序流程图

图 9-2　微程序流程图和控制原理图

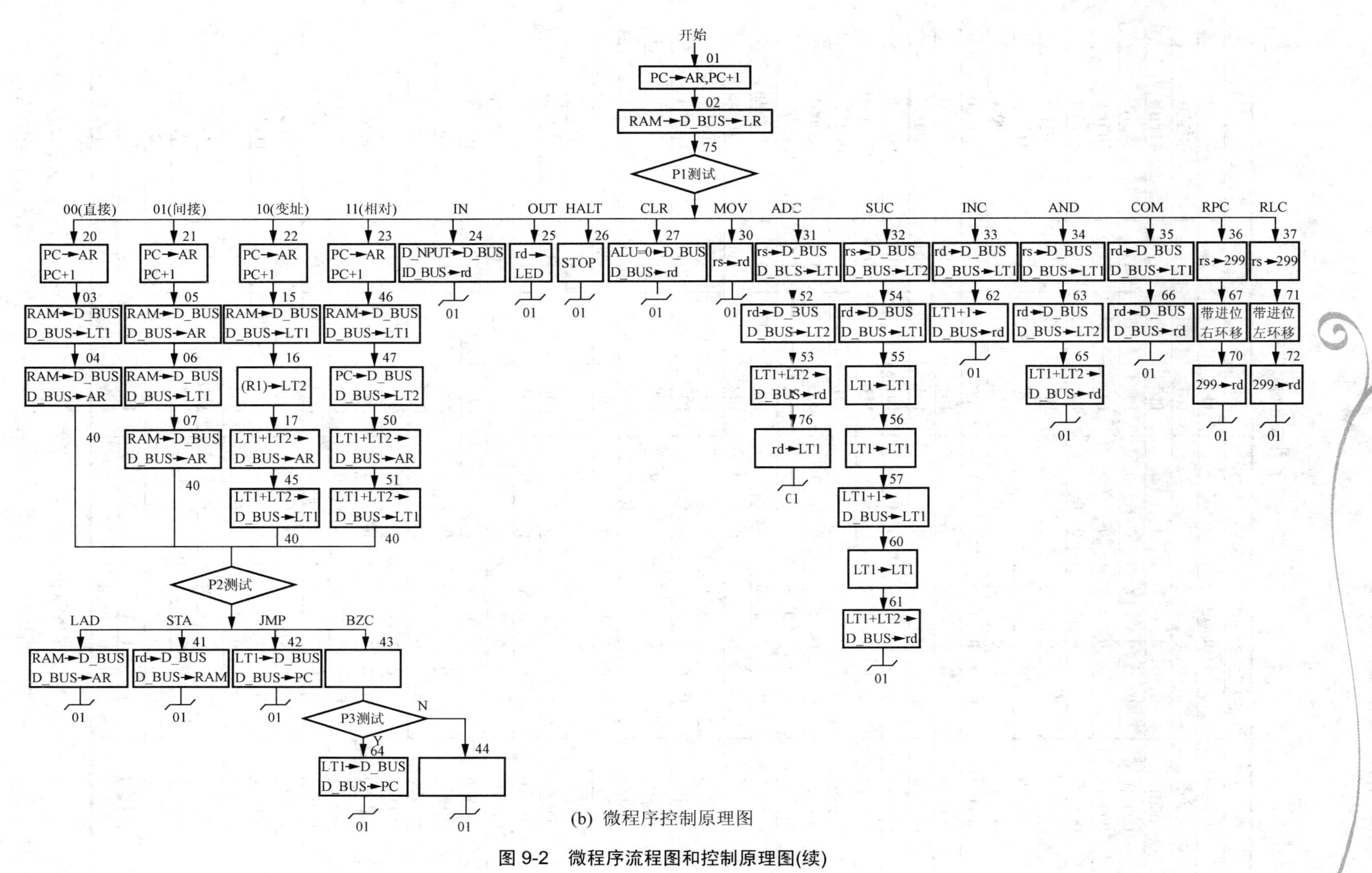

(b) 微程序控制原理图

图 9-2 微程序流程图和控制原理图(续)

表 9-6　实验九二进制微代码

微地址	S3 S2 S1 S0 M Cn WE 1A 1B	F1	F2	F3	UA5～UA0
000000	0 0 0 0 0 0 0 0 0	111	111	110	001000
000001	0 0 0 0 0 0 0 0 0	101	101	101	000010
000010	0 0 0 0 0 0 0 1 0	110	111	111	111101
000110	0 0 0 0 0 0 0 1 0	101	111	111	100101
000111	0 0 0 0 0 0 0 1 0	101	111	111	100101
001000	0 0 0 0 0 0 0 0 0	101	101	101	001010
001001	0 0 0 0 0 0 0 0 0	101	101	101	001100
001010	0 0 0 0 0 0 0 1 0	100	111	111	111011
001011	0 0 0 0 0 0 0 0 0	111	111	111	000001
001100	0 0 0 0 0 0 0 1 1	100	111	111	111100
010000	0 0 0 0 0 0 0 0 0	101	101	101	100101
010010	0 0 0 0 0 0 0 0 0	101	101	101	000111
010011	0 0 0 0 0 0 0 0 0	101	101	101	000110
010100	0 0 0 0 0 0 0 0 0	111	111	100	010101
010101	0 0 0 0 0 0 1 0 1	111	010	111	000001
010111	0 0 0 0 0 0 0 1 1	000	111	111	000001
011000	0 0 0 0 0 0 0 0 0	000	000	111	000001
011001	0 0 0 0 0 0 0 0 0	100	000	111	101010
011010	0 0 0 0 0 0 0 0 0	100	000	111	101100
011011	0 0 0 0 0 0 0 0 0	100	000	111	110010
011100	0 0 0 0 0 0 0 0 0	100	000	111	110011
011101	0 0 0 0 0 0 0 0 0	100	000	111	110110
011110	0 0 1 1 0 0 0 0 0	111	000	111	110111
011111	0 0 1 1 0 0 0 0 0	000	000	111	111001
100000	0 0 0 0 0 0 1 1 0	111	100	111	000001
100001	0 0 0 0 0 0 0 1 0	000	111	111	000001
100010	0 0 0 0 0 0 0 1 0	001	111	101	000001
100101	0 0 0 0 0 0 0 0 0	111	111	100	100000
101010	0 0 0 0 0 0 0 0 0	010	010	111	101011
101011	1 0 0 1 0 1 0 0 0	000	001	111	000001
101100	0 0 0 0 0 0 0 0 0	010	100	111	101101
101101	0 0 1 1 0 0 0 0 0	000	001	111	000001
110010	0 0 0 0 0 0 0 0 0	000	001	111	000001
110011	0 0 0 0 0 0 0 0 0	010	010	111	110101
110101	1 0 1 1 1 0 0 0 0	000	001	111	000001
110110	0 0 0 0 1 1 0 0 0	000	001	111	000001
110111	0 0 1 0 0 0 0 0 0	111	110	111	111000
111000	0 0 0 0 0 0 0 0 0	000	110	111	000001
111001	0 0 0 1 0 0 0 0 0	111	110	111	111010
111010	0 0 0 0 0 0 0 0 0	000	110	111	000001
111011	0 0 0 0 0 1 1 0 1	111	001	111	001000
111100	1 1 1 1 1 1 1 1 0	111	001	111	001001
111101	0 0 0 0 0 0 0 1 0	110	111	000	010000

指令寄存器用来保存当前正在执行的一条指令。当执行一条指令时，先把它从内存取出放到缓冲寄存器中，然后再传送至指令寄存器。指令划分为操作码和地址码字段，由二

进制数构成，为了执行任何给定的指令，控制器从内存中取出一条指令，并同时指出下一条指令在内存中的位置，对取出的指令进行译码，并产生操作控制信号，送往相应的部件启动规定的动作。

六、实验参考代码

按程序流程图译出适合本实验系统所有机器指令的微代码(表 9-6)，供学生自己编程实验，加深对较完整的实验计算机的认识。这里只提供以下简单的实验程序(表 9-7)。

表 9-7　实验九实验程序

地址(二进制)	指令(二进制)	助记符	说　明
0000 0000	0100 0100	IN　AX，KIN	开关输入──►AX
0000 0001	0100 0101	MOV BX，01H	01H──►BX
0000 0010	0000 0001		
0000 0011	1001 0100	ADD AX，BX	AX＋BX──►AX
0000 0100	1111 0000	ROL AX	AX（循环左移示意图）
0000 0101	1000 0010	MOV CX，AX	AX──►CX
0000 0110	0100 0110	OUT DISP，CX	CX──►LED
0000 0110	0000 1000	JMP 00H	00H──►PC
0000 0111	0000 0000		

注：其中MOV、JMP为双字长(32位)指令，其余为单字长指令。对于双字长指令，第一字为操作码，第二字为操作数；对于单字长指令只有操作码，没有操作数。上述所有指令的操作码均为低8位有效，其高8位均默认为0。而操作数8位和16位均可。KIN和DISP分别为本系统专用输入、输出设备。

七、实验步骤

1. 单片机键盘控制操作方式实验

在进行单片机键盘控制实验时，必须把 K4 开关置于“OFF”状态，否则系统处于自锁状态，无法进行实验。

1) 实验连线

实验连线如图 9-3 所示。连线时应按如下方法：对于横排座，应使排线插头上的箭头面向自己插在横排座上；对于竖排座，应使排线插头上的箭头面向左边插在竖排座上。

2) 写微代码

(1) 将开关 K1、K2、K3、K4 拨到写状态，即 K1 OFF、K2 ON、K3 OFF、K4 OFF，其中 K1、K2、K3 在微程序控制电路上，K4 在 24 位微代码输入及显示电路上。

(2) 在监控指示灯滚动显示【CLASS SELECT】状态下按【实验选择】键，显示【ES--_ _】输入 08 或 8，按【确认】键，显示【ES08】。再按【确认】键。

(3) 监控显示为【CtL1=_】，输入 1 显示【CtL1_1】，按【确认】键。

(4) 监控显示【U-Addr】，此时输入“000000”6位二进制数表示的微地址，然后按【确认】键，监控指示灯显示【U_CodE】，显示这时输入微代码“007F88”，注意输入微代码的顺序先右后左，按【确认】键则显示【PULSE】，按【单步】键完成一条微代码的输入。

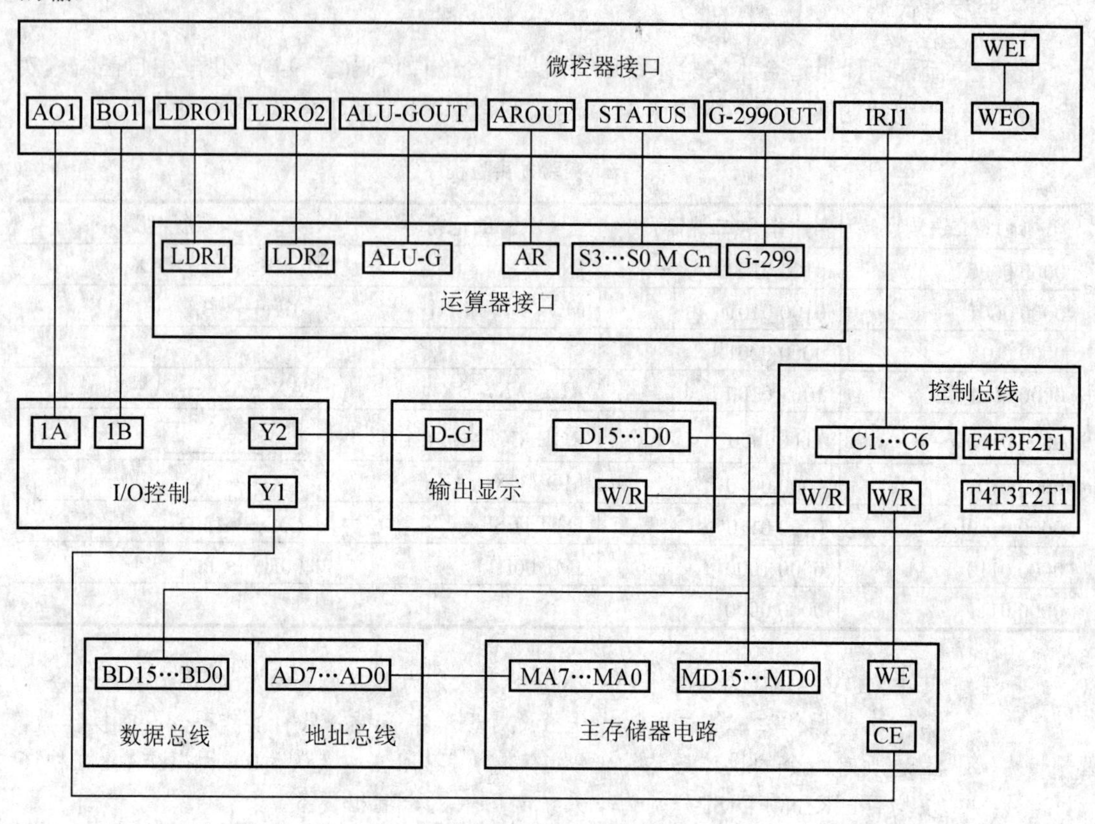

图 9-3　单片机键盘实验连线

(5) 监控指示灯重新显示【U-Addr】提示输入表 9-8 中的第二条微代码地址。按照上面的方法输入表 9-8 中的微代码，观察微代码与微地址显示灯的对应关系(注意输入微代码的顺序为由右至左)。

表 9-8　实验九微代码

微地址(八进制)	微地址(二进制)	微代码(十六进制)
00	000000	007F88
01	000001	005B42
02	000010	016FFD
06	000110	015FE5
07	000111	015FE5
10	001000	005B4A
11	001001	005B4C
12	001010	014FFB

续表

微地址(八进制)	微地址(二进制)	微代码(十六进制)
13	001011	007FC1
14	001100	01CFFC
20	010000	005B65
22	010010	005B47
23	010011	005B46
24	010100	017F15
25	010101	02F5C1
27	010111	018FC1
30	011000	0001C1
31	011001	0041EA
32	011010	0021EC
33	011011	0041F2
34	011100	0041F3
35	011101	0041F6
36	011110	3001F7
37	011111	3001F9
40	100000	0379C1
41	100001	010FC1
42	100010	011F41
45	100101	007F20
52	101010	0029EB
53	101011	9403C1
54	101100	0029ED
55	101101	3003C1
62	110010	0003C1
63	110011	0025F5
65	110101	B803C1
66	110110	0C03C1
67	110111	287DF8
70	111000	000DC1
71	111001	107DFA
72	111010	000DC1
73	111011	06F3C8
74	111100	FF73C9
75	111101	016E10

3) 读微代码及校验微代码

(1) 先将开关K1、K2、K3、K4拨到读状态，即K1 OFF、K2 OFF、K3 ON、K4 OFF，

按【RESET】键对单片机复位，使监控指示灯滚动显示【CLASS SELECT】状态。

(2) 按【实验选择】键，显示【ES--_ _】输入 08 或 8，按【确认】键，显示【ES08】。再按【确认】键。

(3) 监控显示【CtL1=_】时，输入 2，按【确认】显示【U-Addr】，此时输入 6 位二进制微地址，进入读代码状态。再按【确认】键显示【PULSE】，此时按【单步】键，显示【U-Addr】，微地址指示灯显示输入的微地址，微代码显示电路上显示该地址对应的微代码，至此完成一条微指令的读过程。

(4) 对照表 9-8 检查微代码是否有错误，如有错误，可按步骤 2)重新输入微代码。

4) 写机器指令

(1) 先将 K1、K2、K3、K4 拨到运行状态，即 K1 ON、K2 OFF、K3 ON、K4 OFF，按【RESET】键对单片机复位，使监控指示灯滚动显示【CLASS SELECT】状态。

(2) 按【实验选择】键，显示【ES--_ _】输入 08 或 8，按【确认】键，显示【ES08】。再按【确认】键。

(3) 监控显示【CtL1=_】，按【取消】键，监控指示灯显示【CtL2=_】，输入 1 显示【CtL2_1】，表示进入对机器指令操作状态，此时拨动清零开关 CLR(在控制开关电路上，注意对应的 JUI 应短接)对地址寄存器、指令寄存器清零。确定清零后，按【确认】键显示闪烁的【PULSE】，连续按【单步】键，当微地址显示灯显示“001100”时，再按【确认】键，监控指示灯显示【DATA】，提示输入机器指令“48”或“0048”(两位或 4 位十六进制数)，输入后按【确认】键，显示【PULSE】，再按【单步】键，微地址显示灯显示“111100”，数据总线显示灯(16 个绿色指示灯)显示“0000000001001000”，至此完成第一条机器指令的输入。

(4) 再连续按【单步】键，微地址显示灯(黄色)显示“001100”时，按【确认】键输入第二条机器指令。依此规律逐条输入表 9-9 中的机器指令，输完后，可连续按【取消】或【RESET】键退出写机器指令状态。

注意　每当黄色微地址显示灯显示“001100”时，地址指示灯自动加1显示。如输入指令为8位，则高8位自动变为0。

表 9-9　实验九机器指令

地址(八进制)	地址(二进制)	机器指令(十六进制)
00	0000 0000	0048
01	0000 0001	0005
02	0000 0010	0001
03	0000 0011	0094
04	0000 0100	00F0
05	0000 0101	0082
06	0000 0110	0046
07	0000 0111	0008
08	0000 1000	0000

5) 读机器指令及校验机器指令

在监控指示灯显示【CtL2=_】状态下，输入 2，显示【CtL2_2】，表示进入读机器指令状态，按步骤 4)中的方法拨动清零开关 CLR 对地址寄存器和指令寄存器进行清零，然后按【确认】键，显示【PULSE】，连续按【单步】键，黄色微地址显示灯显示从“000000”开始，然后按“001000”、“001010”、“111011”方式循环显示。只有当黄色微地址灯显示“001000”时，输出显示数码管上显示写入的机器指令。读的过程注意微地址显示灯、地址显示灯和数据总线显示灯的对应关系。如果发现机器指令有误，则需重新输入机器指令。

注意 机器指令存放在RAM里，掉电丢失，故断电后需重新输入。

6) 运行程序

在监控指示灯显示【CtL2=_】状态下，输入 3，显示【CtL2_3】，表示进入运行机器指令状态，按步骤 4)中的方法拨动清零开关 CLR 对地址寄存器和指令寄存器进行清零，使程序入口地址为“00H”，可以按【单步】键运行程序，也可以按【全速】键运行，运行过程中提示输入相应的量，运行结束后从输出显示电路上观察结果。

7) 实验结果说明

根据本实验的微程序流程图即图 9-2(a)米观察程序运行的过程，并验证运行结果是否正确。参考结果：输入“1111H”，输出显示“2224H”。

2. 开关控制操作方式实验

本实验中所有控制开关拨动，相应指示灯亮代表高电平“1”，指示灯灭代表低电平“0”。连线时应注意：对于横排座，应使排线插头上的箭头面向自己插在横排座上；对于竖排座，应使排线插头上的箭头面向左边插在竖排座上。

1) 实验连线

在图 9-3 所示的连线上更改如下连线。

断开控制总线 C1～C6 和 F4～F1 上的接线

数据输入电路 DIJ1	接	数据总线 BD7～BD0
数据输入电路 DIJ2	接	数据总线 BD15～BD8
数据输入电路 DIJ-G	接	I/O 控制电路 Y3
微控器接口 UAJ1	接	控制开关电路 UA5～UA0
脉冲源及时序电路 fin	接	脉冲源及时序电路 *f*/8
脉冲源及时序电路 T4～T1	接	控制总线 T4～T1
控制开关电路 CA1	接	控制总线 E4
控制开关电路 CA2	接	控制总线 E5

2) 实验步骤

(1) 写微代码 (以写表 9-8 中的微代码为例)。首先将微程序控制电路上的开关 K1、K2、K3 拨到写入状态，即 K1 OFF、K2 ON、K3 OFF，然后将 24 位微代码输入及显示电路上的开关 K4 拨到“ON”状态。置控制开关 UA5～UA0=“000000”，输入微地址“000000”，置 24 位微代码开关 MS24～MS1 为“00000000 01111111 10001000”，输入 24 位二进制微代码，即“007F88”，按【单步】键，黄色微地址灯显示“000 000”，写入微代码。保持

K1、K2、K3、K4 状态不变，写入表 9-8 中的所有微代码。

(2) 读微代码并验证结果。将微程序控制电路上的开关 K1、K2、K3 拨到读出状态，即 K1 OFF、K2 OFF、K3 ON，然后将 24 位微代码输入及显示电路上的开关 K4 拨到“OFF”状态。置控制开关 UA5～UA0=“000000”，输入微地址“000000”，按【单步】键，黄色微地址灯显示“000 000”，24 位微代码显示“00000000 01111111 10001000”，即第一条微代码。保持 K1、K2、K3、K4 状态不变，改变 UA5～UA0 微地址的值，读出相应的微代码，并和表 9-8 的微代码比较，验证是否正确。如发现有误，则需重新输入该微地址相应的微代码。

(3) 写机器指令。将微程序控制电路上的开关 K1、K2、K3 拨到运行状态，即 K1 ON、K2 OFF、K3 ON，然后将 24 位微代码输入及显示电路上的开关 K4 拨到“OFF”状态。拨动控制开关电路上的清零开关 CLR 对地址寄存器、指令寄存器清零，确定清零后，把控制开关 CA1、CA2 置“10”，按【单步】键，微地址显示灯显示“001001”，再按【单步】键，微地址灯显示“001100”，此时通过数据输入电路的开关输入要写入的机器指令，置 D15～D0=“00000000100 1000”，按【单步】键，即完成本实验的第一条机器。再按【单步】键，黄色微地址显示灯显示“111100”，数据总线显示灯(16 个绿色指示灯)显示“0000000001001000”，即输入的机器指令。再连续按【单步】键，黄色微地址显示灯显示“001100”时，按上面的方法通过数据输入电路的开关输入第二条机器指令指令“000000000000 0101”，直至写完表 9-9 中的所有二进制机器指令。

注意 每当微地址显示灯显示“001100”时，地址指示灯自动加1显示。

(4) 读机器指令及校验机器指令。拨动控制开关电路上的清零开关 CLR 对地址寄存器、指令寄存器清零，清零结果是微地址指示灯(6 个黄色指示灯)和地址指示灯(8 个黄色指示灯，在地址寄存器电路上)全灭，置 CA1、CA2 开关为“00”，连续按【单步】键，黄色微地址显示灯显示从“000000”开始，然后按“001000”、“001010”、“111011”方式循环显示。当黄色微地址灯显示“001000”时，输出显示数码管上显示写入的机器指令。读的过程注意微地址显示灯、地址显示灯和数据总线显示灯的对应关系。如果发现机器指令有误，则需重新输入机器指令。

注意 机器指令存放在RAM里，掉电丢失，故断电后需重新输入。

(5) 运行程序。将微程序控制电路上的开关 K1、K2、K3 拨到运行状态，即 K1 ON、K2 OFF、K3 ON，然后将 24 位微代码输入及显示电路上的开关 K4 拨到“OFF”状态。拨动控制开关电路上的清零开关 CLR 对地址寄存器、指令寄存器清零，清零结果是微地址指示灯和地址指示灯全灭，使程序的入口地址位“00H”，置 CA1、CA2 开关为“11”连续按【单步】键，当微地址显示灯显示“010 100”时，通过数据输入电路输入二进制数据，再连续按【单步】键来运行程序。实验结果参照键盘实验。

实验十　EL-JY-Ⅱ实验系统的复杂模型机的 I/O 实验

一、实验目的

(1) 在组成一台完整的计算机整机系统—模型机的基础上，控制真实的外围接口实验；

(2) 本实验外扩一片 8255 接口芯片，完成基本并行口实验。

二、预习要求

预习本实验的相关知识和内容。

三、实验设备

EL-JY-II 型计算机组成原理实验系统一套，排线若干。

四、8255 芯片引脚特性及外部连接

(1) 8255 芯片引脚分配如图 10-1 所示。

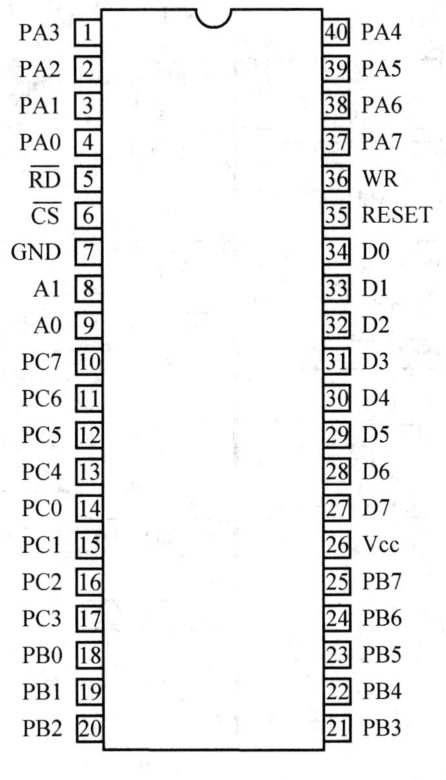

图 10-1　8255 管脚

(2) $\overline{CS}$、A0、A1、$\overline{RD}$ 、$\overline{WR}$ 五个引脚的电平与 8255 操作关系如表 10-1 所示。

表 10-1　8255 操作关系

A1	A0	$\overline{RD}$	$\overline{WR}$	$\overline{CS}$	操　作
					输入操作(读)
0	0	0	1	0	端口 A ——→ 数据总线
0	1	0	1	0	端口 B ——→ 数据总线
1	0	0	1	0	端口 C ——→ 数据总线
0	0	1	0	0	数据总线 ——→ 端口 A
0	1	1	0	0	数据总线 ——→ 端口 B
1	0	1	0	0	数据总线 ——→ 通道 C
1	1	1	0	0	数据总线 ——→ 控制字寄存器
1	1	0	1	0	控制字 ——→ 数据总线
					断开功能 ——→ 空操作
×	×	×	×	1	数据总线 ——→ 三态
×	×	1	1	0	数据总线 ——→ 三态

五、系统结构

模型机的结构如图 10-2 所示。

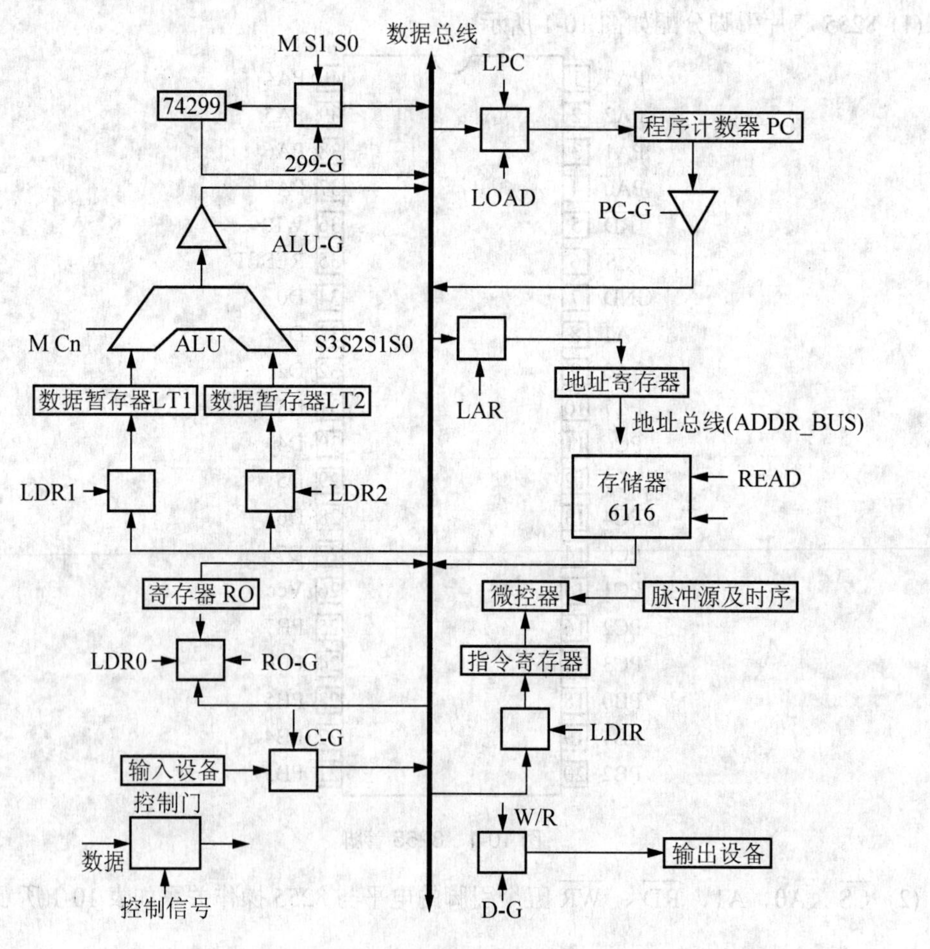

图 10-2　模型机结构

图 10-2 中运算器 ALU 由 U7～U10 四片 74LS181 构成，数据暂存器 LT1 由 U3、U4 两片 74LS273 构成，数据暂存器 LT2 由 U5、U6 两片 74LS273 构成。控制器部分由 U13～U15 三片 2816 构成。除此之外，CPU 的其他部分都由 EP1K10 集成(其原理见附录 A 中 EL-JY-II 计算机组成原理实验系统相关的实验介绍部分)。

存储器部分由两片 6116 构成 16 位存储器，地址总线只有低 8 位有效，因而其他存储器空间为 00H～FFH。

输出设备由底板上的 4 个 LED 数码管及其译码、驱动电路构成，当 D-G 和 W/R 均为低电平时将数据总线的数据送入数码管显示器。在开关方式下，输入设备的 16 位电平开关及两个三态缓冲芯片 74LS244 构成，当 DIJ-G 为低电平时 16 位开关状态送上数据总线。在键盘方式或联机状态方式下，数据可由键盘或上位机输入，然后由监控程序直接送上数据总线，因而外加的数据输入电路可以不用。并且 I/O 扩展电路由 8255 芯片实现，实验中可以将 PA 作为输入口，通过实验设备输入数据；将 PB 口作为输出口，接至底板的显示灯电路。

注：本系统的数据总线为 16 位，指令、地址和程序计数器均为 8 位。当数据总线上的数据打入指令寄存器、地址寄存器和程序计数器时，只有低 8 位有效。

六、工作原理

本实验在实验八指令集的基础上，新增两条端口读写指令。

1. 端口读指令

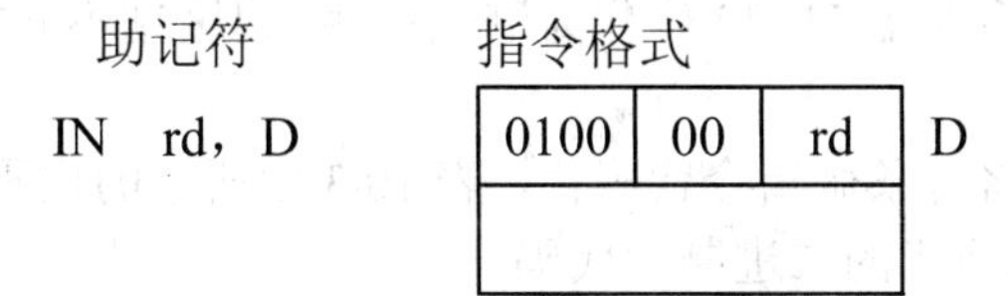

助记符　　　指令格式

IN rd，D

0100	00	rd

D

其中第一字节前 4 位为操作码，D 为端口地址，其功能是将端口地址为 D 的端口内容写入寄存器中。

2. 端口写指令

助记符　　　指令格式

COUT rd，D

0100	11	rd
	D	

其功能是将寄存器中的内容写至以 D 为端口地址的端口中。

本系统设计的微程序字长共 24 位，其控制位顺序如下。

24	23	22	21	20	19	18	17	16	15 14 13	12 11 10	9 8 7	6	5	4	3	2	1
S3	S2	S1	S0	M	Cn	WE	1A	1B	F1	F2	F3	UA5	UA4	UA3	UA2	UA1	UA0

F1、F2、F3 三个字段的编码方案如表 10-2 所示。

表 10-2 F1、F2、F3 三个字段的编码方案

F1 字段				F2 字段				F3 字段			
15	14	13	选择	12	11	10	选择	9	8	7	选择
0	0	0	LDRi	0	0	0	RAG	0	0	0	P1
0	0	1	LOAD	0	0	1	ALU-G	0	0	1	AR
0	1	0	LDR2	0	1	0	RCG	0	1	0	P3
0	1	1	自定义	0	1	1	自定义	0	1	1	自定义
1	0	0	LDR1	1	0	0	RBG	1	0	0	P2
1	0	1	LAR	1	0	1	PC-G	1	0	1	LPC
1	1	0	LDIR	1	1	0	299-G	1	1	0	P4
1	1	1	无操作	1	1	1	无操作	1	1	1	无操作

系统涉及的微程序流程如图 10-3 所示(图 10-3 中各方框内为微指令所执行的操作，方框外的标号为该条指令所处的八进制微地址)。控制操作为 P4 测试，它以 CA1、CA2 作为测试条件，出现了写机器指令、读机器指令和运行机器指令 3 路分支，占用 3 个固定微地址单元。

注：CA1、CA2 由控制总线的 E4、E5 给出。键盘方式时由监控程序直接对 E4、E5 赋值，无须接线。开关方式时可将 E4、E5 接至控制开关 CA1、CA2，由开关来控制。

在机器指令的执行过程中，公用微指令对应于图 10-2 中的 01、02、21 地址的微指令。21 地址“译码”微指令，该微指令的操作为 P1 测试，测试结果出现多路分支。本实验用指令寄存器的前 4 位(I7～I4)作为测试条件，出现 2 路分支，占用 2 个固定微地址单元。如 I7～I4 相同，则还需进行 P2 测试，以指令寄存器 I3、I2 位作为测试条件，以区别不同指令，如 MO、JMP 指令和 IN、OUT 指令。

当全部微程序流程图设计完毕后，应将每条微指令代码化，表 10-3 中所示的代码即为将图 10-3 中的微程序流程按微指令格式化而成的二进制微代码。

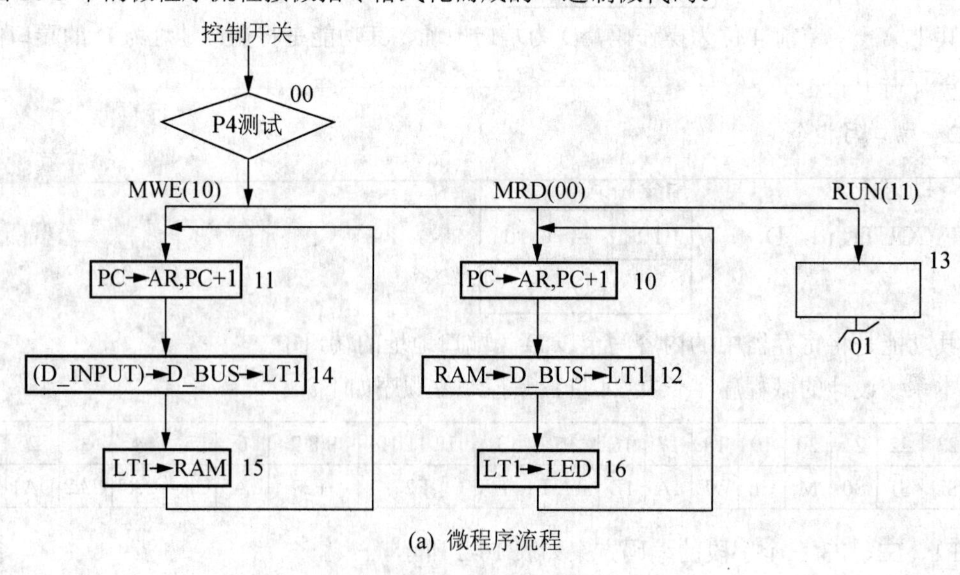

(a) 微程序流程

图 10-3 微程序流程

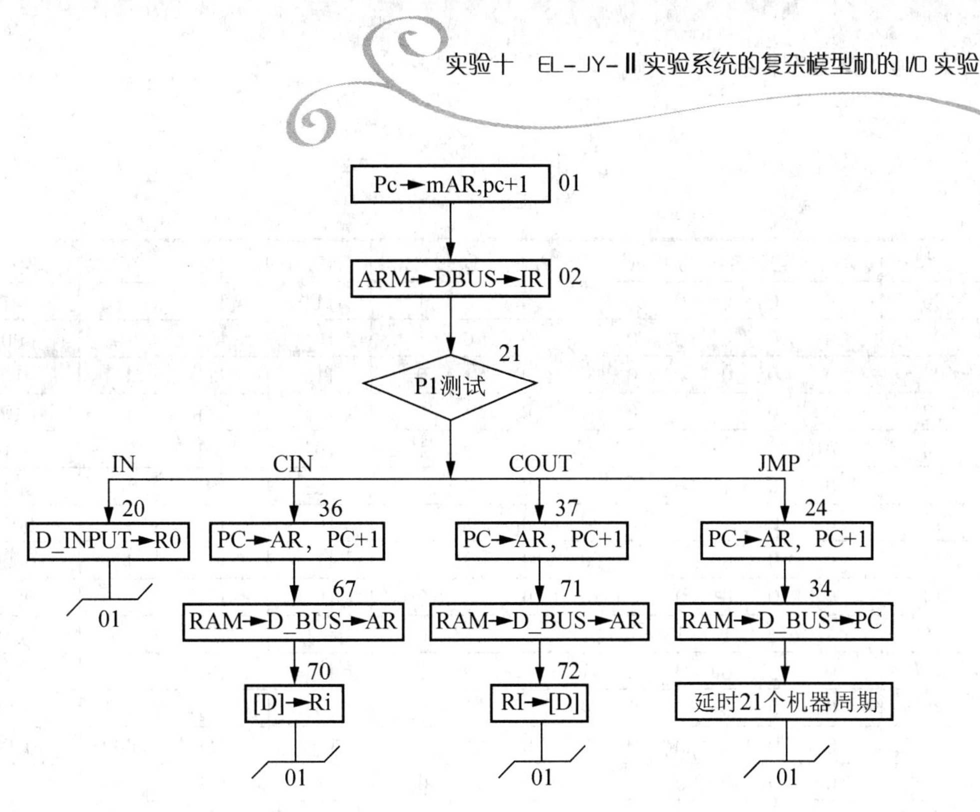

(b) 机器指令操作流程

图 10-3　微程序流程(续)

七、实验参考代码

根据工作原理设计本实验参考代码如表 10-3 所示。

表 10-3　实验代码

地址(二进制)	指令(二进制)	助记符	说　明
0000 0000	0000 0000	MOV AX，90H	置数 10010000(90)→AX
0000 0001	1001 0000		
0000 0010	0100 1100	COUT [03]，AX	AX→以 03H 为地址的端口(8255 控制口)
0000 0011	0000 0011		
0000 0100	0100 0000	IN AX，[00H]	8255 的 PA 端口的内容→读至 AX
0000 0101	0000 0000		
0000 0110	0100 1100	OUT[01H]，AX	AX→的内容写至 8255 的 PB 口
0000 0111	0000 0001		
0000 1000	0000 1000	JMP 04H	04H→PC
0000 1001	0000 0100		

注：以上指令均为双字长指令，第一字为操作码，第二字为操作数。上述所有指令的操作码均为低 8 位有效，其高 8 位均默认为 0。而操作数 8 位和 16 位均可。

其中，第二条指令将 8255 置成方式 0，A 口输入，B 口输出。第三条指令表示从 PA 口读入数据，第四条指令表示从 PB 口输出数据。本实验二进制微代码如表 10-4 所示。

表 10-4　微代码的格式

微地址	S3	S2	S1	S0	M	Cn	WE	1A	1B	F1	F2	F3	UA5～UA0
00	0	0	0	0	0	0	0	0	1	111	111	110	001000
01	0	0	0	0	0	0	0	0	1	101	101	101	000010
02	0	0	0	0	0	0	0	1	0	110	111	111	010001
07	0	0	0	0	0	0	0	1	0	101	111	111	010110
10	0	0	0	0	0	0	0	0	1	101	101	101	001010
11	0	0	0	0	0	0	0	0	1	101	101	101	001100
12	0	0	0	0	0	0	0	1	0	100	111	111	001110
13	0	0	0	0	0	0	0	0	1	111	111	111	000001
14	0	0	0	0	0	0	0	0	0	100	111	111	001101
15	1	1	1	1	1	1	1	1	0	111	001	111	001001
16	0	0	0	0	0	1	1	0	1	111	001	111	001000
20	0	0	0	0	0	0	0	0	1	101	101	101	010010
21	0	0	0	0	0	0	0	1	0	110	111	000	010000
22	0	0	0	0	0	0	0	0	0	111	111	100	011000
24	0	0	0	0	0	0	0	0	1	101	101	101	000111
25	0	0	0	0	0	0	0	0	0	000	111	111	000001
26	0	0	0	0	0	0	0	0	0	111	111	100	010101
27	0	0	0	0	0	0	1	0	0	111	000	111	000001
31	0	0	0	0	0	0	0	1	0	000	111	111	000001
32	0	0	0	0	0	0	0	1	0	001	111	101	000001

八、实验步骤

1. 单片机键盘控制操作方式实验。

在进行单片机键盘控制实验时，必须把 K4 开关置于“OFF”状态，否则系统处于自锁状态，无法进行实验。

1) 实验连线

实验连线如图 10-4 所示。连线时应按如下方法：对于横排座，应使排线插头上的箭头面向自己插在横排座上；对于竖排座，应使排线插头上的箭头面向左边插在竖排座上。

2) 写微代码

(1) 将开关 K1、K2、K3、K4 拨到写状态，即 K1 OFF、K2 ON、K3 OFF、K4 OFF，其中 K1、K2、K3 在微程序控制电路，K4 在 24 位微代码输入及显示电路上。在监控指示灯滚动显示【CLASS SELECT】状态下按【实验选择】键，显示【ES--_ _ 】输入 09 或 9，按【确认】键，显示为【ES09】，表示准备进入实验十程序，也可按【取消】键来取消上一步操作，重新输入。再按【确认】键，

(2) 监控指示灯显示【CtL1=_】，输入 1 显示【CtL1_1】，按【确认】键。

(3) 监控指示灯显示【U-Addr】，此时输入【000000】6 位二进制数表示的微地址，然后按【确认】键，监控指示灯显示【U_CodE】，显示这时输入微代码“00FF88”，该微代码是用 6 位十六进制数来表示前面的 24 位二进制数，注意输入微代码的顺序，先右后左，按

【确认】键则显示【PULSE】，按【单步】键完成一条微代码的输入，重新显示【U-Addr】提示输入第二条微代码地址。

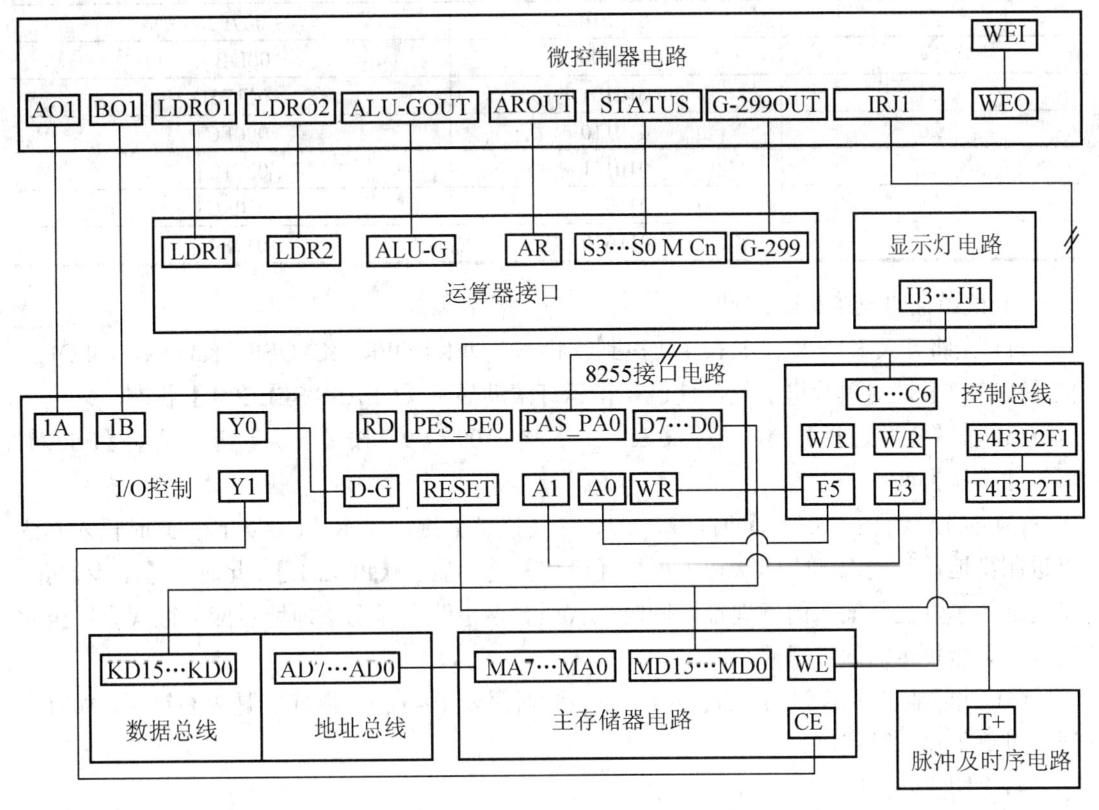

图 10-4　单片机键盘实验连线

(4) 按照上面的方法输入表 10-5 所示的微代码，观察微代码与微地址显示灯的对应关系(注意输入微代码的顺序为由右至左)。

表 10-5　实验十微代码

八进制微地址	二进制微地址	十六进制微代码
00	000000	00FF88
01	000001	00DB42
02	000010	016FE5
07	000111	015FD6
10	001000	00DB4A
11	001001	00DB4C
12	001010	014FCE
13	001011	00FFC1
14	001100	004FCD
15	001101	FF73C9
16	001110	06F3C8
20	010000	00DB52
21	010001	016E10

续表

八进制微地址	二进制微地址	十六进制微代码
22	010010	007F18
24	010100	00DB47
25	010101	011F5D
26	010110	000FC1
27	010111	0271C1
31	011001	010FC1
32	011010	011F41

3) 读微代码及校验微代码

(1) 先将开关K1、K2、K3、K4拨到读状态，即K1 OFF、K2 OFF、K3 ON、K4 OFF，按【RESET】键对单片机复位，使监控指示灯滚动显示【CLASS SELECT】状态。

(2) 按【实验选择】键，显示【ES--_ _】输入09或9，按【确认】键，显示【ES09】。再按【确认】键。

(3) 监控显示【CtL1=_】时，输入2，按【确认】键，显示【U-Addr】，此时输入6位二进制微地址，进入读代码状态。再按【确认】键，显示【PULSE】，此时按【单步】键，微地址指示灯显示输入的微地址，同时微代码显示电路上显示该地址对应的微代码，至此完成一条微指令的读过程。

(4) 此时监控显示【U-Addr】，按上述步骤对照表10-5检查微代码是否有错误，如有错误，可重新输入微代码。

4) 写机器指令

(1) 先将K1、K2、K3、K4拨到运行状态，即K1 ON、K2 OFF、K3 ON、K4 OFF，按【RESET】键对单片机复位，使监控指示灯滚动显示【CLASS SELECT】状态。

(2) 按【实验选择】键，显示【ES--_ _】输入09或9，按【确认】键，显示【ES09】。再按【确认】键。

(3) 监控显示【CtL1=_】，按【取消】键，监控指示灯显示【CtL2=_】，输入1显示【CtL2_1】表示进入对机器指令操作状态，此时拨动清零开关CLR(在控制开关电路上，注意对应的JUI应短接)对地址寄存器、指令寄存器清零，清零结果是地址指示灯和地址指示灯全灭(如不清零则会影响机器指令的输入)，确定清零后，按【确认】键。

(4) 监控显示闪烁的【PULSE】，按【单步】键，微地址显示灯显示“001001”时，再按【单步】键，黄色微地址显示灯显示“001100”，地址指示灯(8个黄色指示灯)显示“00000000”，此时按【确认】键，监控指示灯显示【DATA】，提示输入机器指令“04”或“0004”(两位或4位十六进制数)，输入后按【确认】键，显示【PULSE】，再按【单步】键，黄色微地址显示灯显示“001101”，数据总线显示灯(16个绿色指示灯)显示“0000000000000100”，即输入的机器指令。

(5) 再连续按【单步】键，黄色当微地址显示灯再次显示“001100”时，按【确认】键输入第二条机器指令。依此规律逐条输入表10-6中的机器指令，输完后，可连续按【取消】或【RESTE】键退出写机器指令状态。

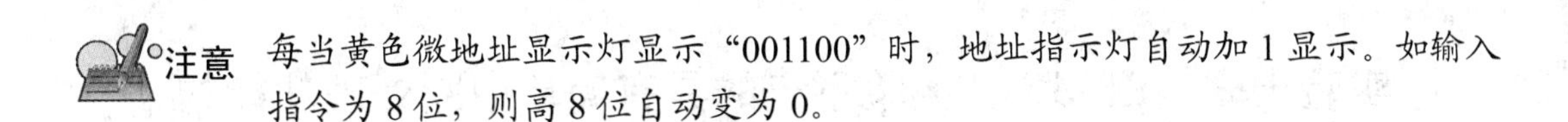

注意　每当黄色微地址显示灯显示“001100”时，地址指示灯自动加 1 显示。如输入指令为 8 位，则高 8 位自动变为 0。

表 10-6　实验十机器指令

地址(十六进制)	地址(二进制)	机器指令(十六进制)
00	00000000	0004
01	00000001	0090
02	00000010	004C
03	00000011	0003
04	00000100	0040
05	00000101	0000
06	00000110	004C
07	00000111	0001
08	00000100	0008
09	00001001	0004

5) 读机器指令校验机器指令

在监控指示灯显示【CtL2=_】状态下，输入 2，显示【CtL2_2】，表示进入读机器指令状态，按步骤 4)的方法拨动清零开关 CLR 对地址寄存器和指令寄存器进行清零，然后按【确认】键，显示【PULSE】，连续按【单步】键，黄色微地址显示灯显示从“000000”开始，然后按“001000”、“001010”、“001110”方式循环显示。只有当黄色微地址灯显示“001110”时，绿色数据总线显示灯上显示的为写入的机器指令。读的过程注意微地址显示灯、地址显示灯和数据总线显示灯的对应关系。如果发现机器指令有误，则需重新输入机器指令。

注意　机器指令存放在 RAM 里，断电后需重新输入。

6) 运行程序

在监控指示灯显示【CtL2=_】状态下，输入 3，显示【CtL2_3】，表示进入运行机器指令状态，按步骤 4) 中的方法拨动清零开关 CLR 对地址寄存器和指令寄存器进行清零，然后按【确认】键，显示【run CodE】，表示运行程序，可以按【单步】键运行程序，也可以按【全速】键运行程序，运行过程中提示输入相应的量，运行结束后观察实验运行结果。

7) 运行结果

在全速运行时显示灯电路的显示结果与数据输入电路的后 4 位一致。改变数据输入电路的后 4 位，显示结果也随之变化。

2. 开关控制操作方式实验

学生可参考前述实验自行思考用开关方式接线和实验过程。

实验十一　EL-JY-Ⅱ实验系统的具有简单中断处理功能的模型机实验

一、实验目的

(1) 了解微程序控制器是如何控制模型机运行的，掌握整机动态工作过程；
(2) 掌握中断响应、中断处理的流程及实现方法；
(3) 定义若干条机器指令，编写相应微程序并具体上机调试。

二、实验设备

EL-JY-II 型计算机组成原理实验系统一套，排线若干。

三、模型机结构

模型机结构如图 11-1 所示。

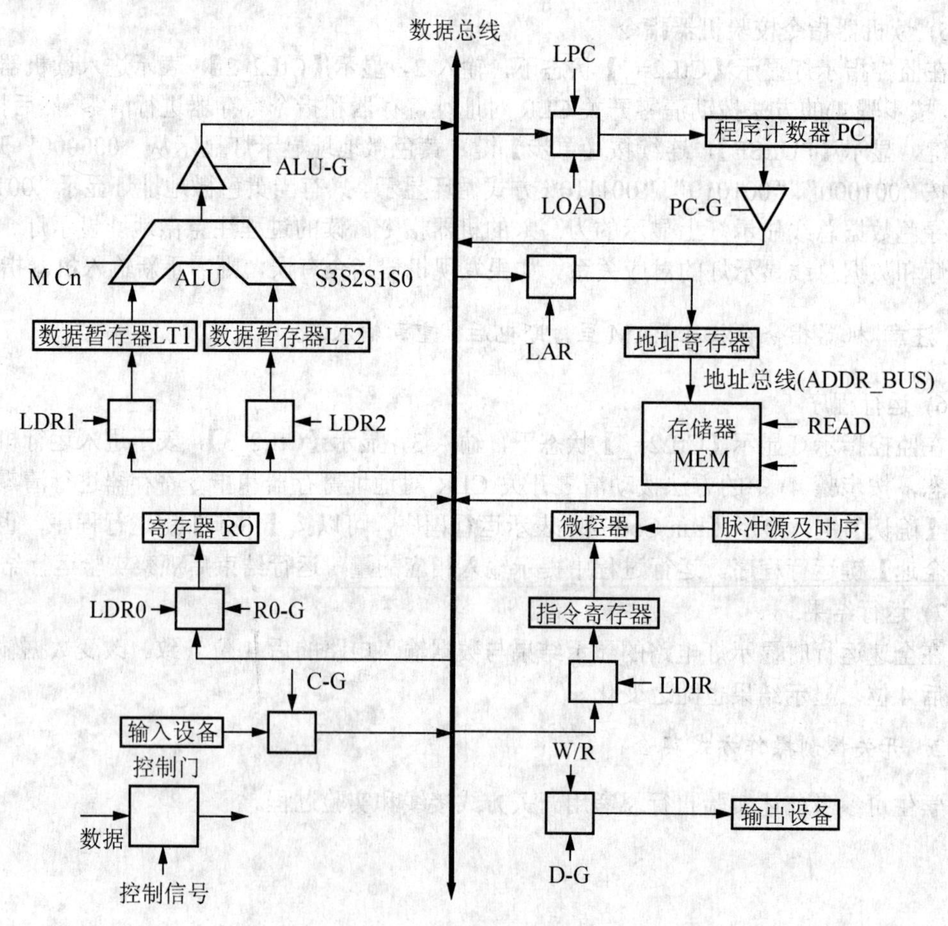

图 11-1　模型机结构

图 11-1 中的运算器 ALU 由 U7～U10 四片 74LS181 构成，数据暂存器 LT1 由 U3、U4 两片 74LS273 构成，数据暂存器 LT2 由 U5、U6 两片 74LS273 构成。控制器部分由 U13～U15 三片 2816 构成。除此之外，CPU 的其他部分都由 EP1K10 集成(其原理见附录 A 中 EI-JY-II 计算机组成原理实验系统相关的实验介绍部分)。

存储器部分由两片 6116 构成 16 位存储器，地址总线只有低 8 位有效，因而其他存储器空间为 00H～FFH。

输出设备由底板上的 4 个 LED 数码管及其译码、驱动电路构成，当 D-G 和 W/R 均为低电平时将数据总线的数据送入数码管显示器。在开关方式下，输入设备由 16 位电平开关及两个三态缓冲芯片 74LS244 构成，当 DIJ-G 为低电平时 16 位开关状态送上数据总线。在键盘方式或联机状态方式下，数据可由键盘或上位机输入，然后由监控程序直接送上数据总线，因而外加的数据输入电路可以不用。

中断源可由底板脉冲源和时序电路中的单脉冲提供。每按一次单脉冲产生一次中断请求。中断请求由 CPU 板上的“LARI”引入微控器。

注　本系统的数据总线为 16 位，指令、地址和程序计数器均为 8 位。当数据总线上的数据打入指令寄存器、地址寄存器和程序计数器时，只有低 8 位有效。

四、工作原理

本实验在实验八的基础上，增加以下 3 条指令。

(1) 开中断指令：

助记符	指令格式
STI	01010000

(2) 关中断指令：

助记符	指令格式
CLI	01100000

(3) 终端返回指令：

助记符	指令格式
IRET	01110000

中断处理的过程：系统内部设有一个“中断允许”标志位，CLI 指令是它复位，STI 指令使它置位。另设一个“中断请求”标志位，只有当“中断允许”标志位态时检测到外部中断脉冲，才能将“中断请求”置位，否则“中断请求”为复位状态。在某些指令执行完正常操作返回之前，进入“中断请求“测试，如“中断请求”为复位状态，则正常返回；如“中断请求”为置位状态，则将下一条程序的地址压入堆栈，同时将固定的中断服务程序首地址送入程序计数器，在下一个 CPU 周期进入中断服务程序的执行。

当中断服务程序执行执行到“IRET”时，进行中断返回测试，将堆栈中的地址弹出送入程序计数器，在下一个 CPU 周期进入中断前程序的执行。以上这些操作均由 EP1K10 实现，有兴趣的学生可以查看随机工程文件 total_1.gdf。

与前面实验一样，系统设计的微程序字长共 24 位，其控制位顺序如下。

24	23	22	21	20	19	18	17	16	15 14 13	12 11 10	9 8 7	6	5	4	3	2	1
S3	S2	S1	S0	M	Cn	WE	1A	1B	F1	F2	F3	uA5	uA4	uA3	uA2	uA1	uA0

F1、F2、F3 三个字段的编码方案如表 11-1 所示。

表 11-1　F1、F2、F3 三个字段的编码方案

F1 字段		F2 字段		F3 字段	
15 14 13	选择	12 11 10	选择	9 8 7	选择
0 0 0	LDRi	0 0 0	RAG	0 0 0	P1
0 0 1	LOAD	0 0 1	ALU-G	0 0 1	AR
0 1 0	LDR2	0 1 0	RCG	0 1 0	P3
0 1 1	自定义	0 1 1	自定义	0 1 1	自定义
1 0 0	LDR1	1 0 0	RBG	1 0 0	P2
1 0 1	LAR	1 0 1	PC-G	1 0 1	LPC
1 1 0	LDIR	1 1 0	299-G	1 1 0	P4
1 1 1	无操作	1 1 1	无操作	1 1 1	无操作

注： 此处定义 P5 为中断请求测试，P3 为中断返回测试。

系统涉及的微程序流程如图 11-2 所示(图 11-2 中各方框内为微指令所执行的操作，方框外的标号为该条指令所处的八进制微地址)。控制操作为 P4 测试，它以 CA1、CA2 作为测试条件，出现了写机器指令、读机器指令和运行机器指令 3 路分支，占用 3 个固定微地址单元。

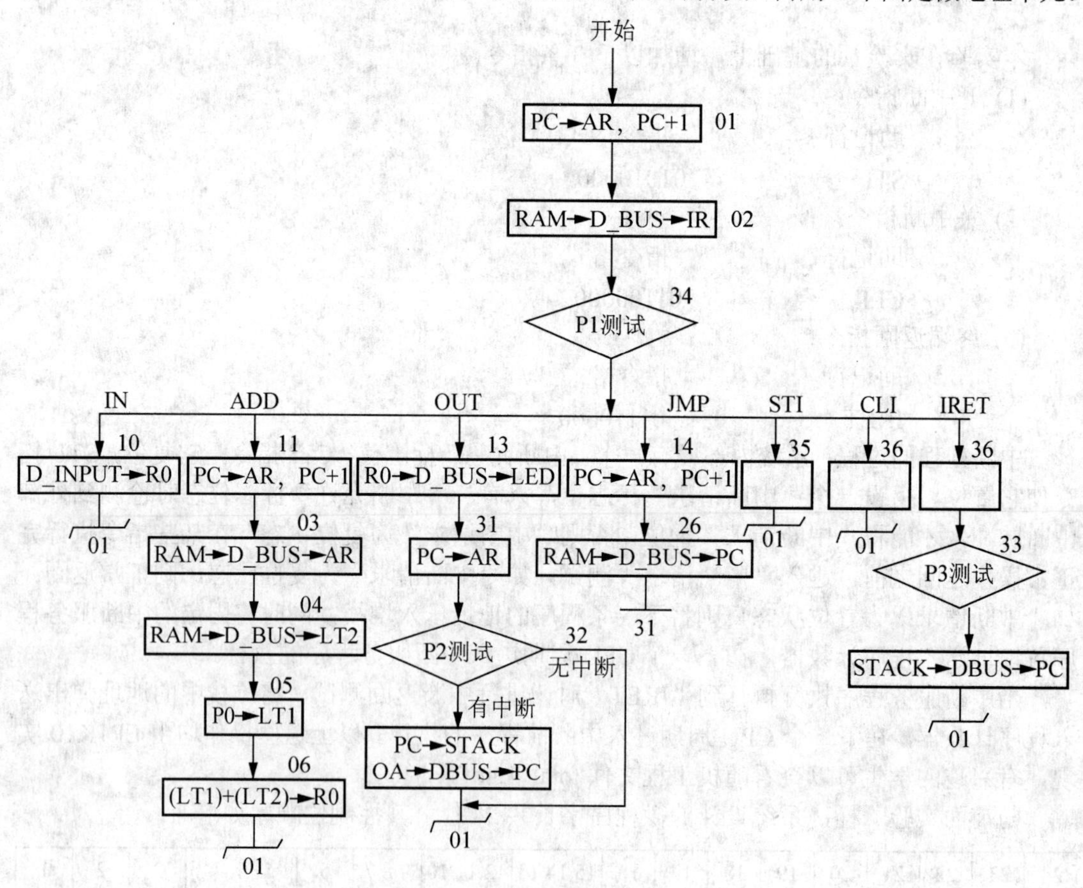

图 11-2　微指令流程

注：CA1、CA2 由控制总线的 E4、E5 给出。键盘方式时由监控程序直接对 E4、E5 赋值，无须接线。开关方式时可将 E4、E5 接至控制开关 CA1、CA2，由开关来控制。

在机器指令的执行过程中，公用微指令对应于图 11-2 中 01、02、34 地址的微指令。34 地址“译码”微指令，该微指令的操作为 P1 测试，测试结果出现多路分支。本实验用指令寄存器的前 4 位(I7～I4)作为测试条件，出现 6 路分支，占用 6 个固定微地址单元。如 I7～14 相同，则还需进行 P2 测试，以指令寄存器 I3、I2 位作为测试条件，以区别不同指令，如 MOV、JMP 指令和 IN、OUT 指令。

在执行 P1 测试时，如 I7～I0＝“01010000”(即 IRET 指令)，则将“中断允许”置位；如 I7～I0=“01100000”(即 CLI 指令)，则将“中断允许”复位；在 JMP 和 OUT 指令中进行中断请求测试，在 IRET 指令中进行中断返回测试。本实验中中断服务程序首地址定为“0AH”。

当全部微程序流程图设计完毕后，应将每条微指令代码化，表 11-2 中的微代码即为将图 11-3 的微程序流程按微指令格式转化而成的。

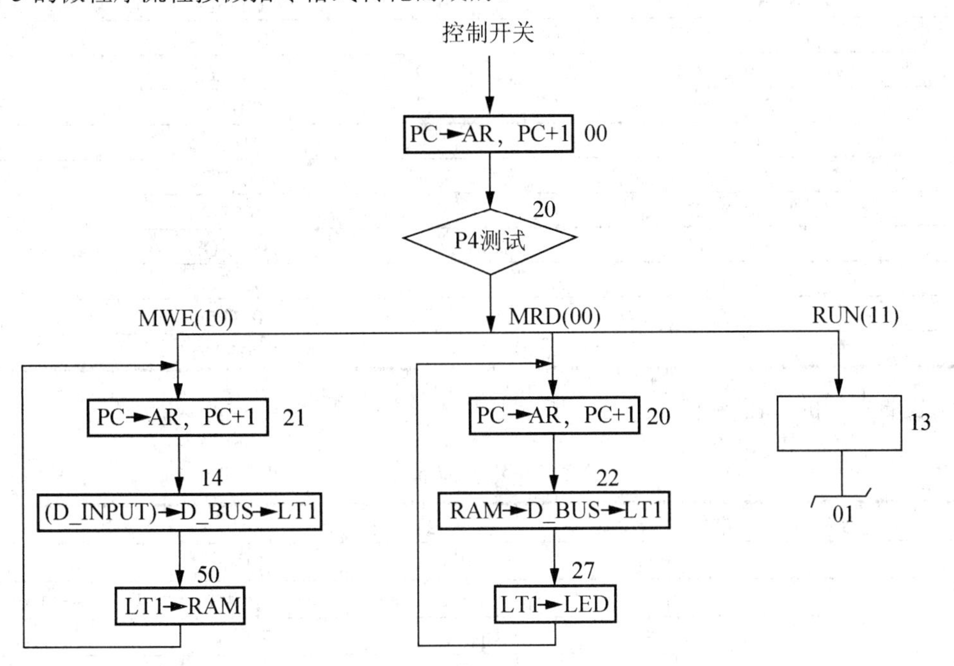

图 11-3　简单中断处理实验微程序流程

五、实验参考代码

本实验采用的微代码如表 11-2 所示。

表 11-2　实验十一微代码

微地址(八进制)	微代码(十六进制)
00	007F90
01	005B42
02	016FDC

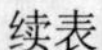

续表

微地址(八进制)	微代码(十六进制)
04	0029C5
05	9403C1
10	005B65
11	0041C4
14	007F0D
15	02F1D9
17	018FC1
20	005B52
21	005B54
22	014FD7
23	007FC1
24	01CFD8
27	06F3D0
30	FF73D1
31	005BDA
32	001EC1
33	001E81
34	016E08
35	007FC1
36	007FC1
37	007FDB
41	010FC1
42	011F59
45	007F20

本实验采用的机器指令如表 11-3 所示。

表 11-3　机器指令

地址(十六进制)	机器指令(十六进制)	助记符	说明
00	0060	CLI	关中断
01	0048	IN AX，Kin	“数据输入电路”→AX
02	0050	STI	开中断
03	0044	OUT DISP，AX	AX→显示 LED
04	0008	JMP	03H→PC
05	0003		
06	0000		无效空指令
07	0000		无效空指令
08	0000		无效空指令
09	0000		无效空指令
0A	0060	CLI	关中断(中断入口)
0B	0005	MOV BX，01H	01H→BX
0C	0001		
0D	0049	ADD AX，BX	AX+BX→AX

续表

地址(十六进制)	机器指令(十六进制)	助记符	说明
0E	0050	STI	开中断
0F	0070	IRET	中断返回

注：其中 MOV、JMP 为双字长(32 位)指令，其余为单字长指令，而对于双字长指令，第一字为操作码，第二字为为操作数；对于单字长指令只有操作码，没有操作数。上述所有指令的操作码均为低 8 位，其高 8 位均默认为 0。而操作数 8 位和 16 位均可。KIN 和 DISP 分别为本系统的专用输入、输出设备。

六、实验连线

采用键盘方式时连线如图 11-4 所示。连线时应按如下方法：对于横排座，应使排线插头上的箭头面向自己插在横排座上；对于竖排座，应使排线插头上的箭头面向左边插在竖排座上。采用开关方式时，连线做如下改动。

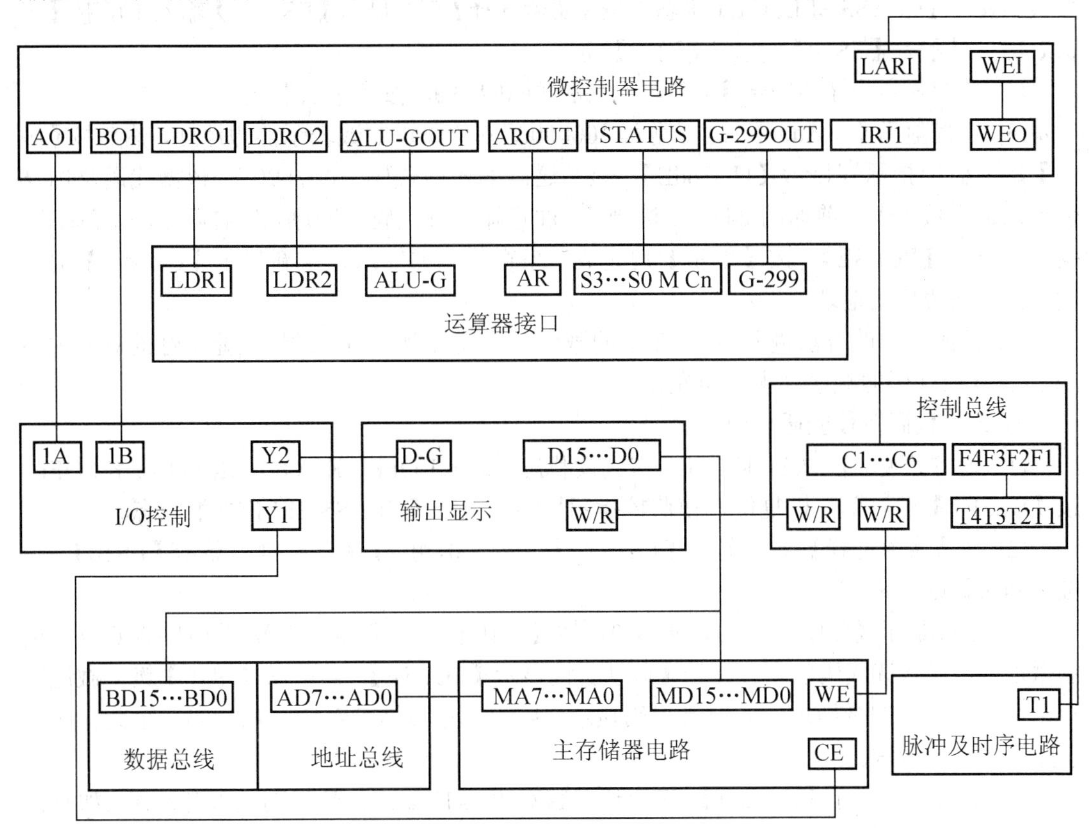

图 11-4 简单中断处理实验连线

断开控制总线 C1～C6 和 F4～F1 上的接线

数据输入电路 DIJ1	接	数据总线 BD7～BD0
数据输入电路 DIJ2	接	数据总线 BD15～BD8
数据输入电路 DIJ-G	接	I/O 控制电路 Y3
微控器接口 UAJ1	接	控制开关电路 UA5～UA0

脉冲源及时序电路 fin	接	脉冲源及时序电路 f/8
脉冲源及时序电路 T4～T1	接	控制总线 T4～T1
控制开关电路 CA1	接	控制总线 E4
控制开关电路 CA2	接	控制总线 E5

七、实验步骤

实验前首先将 CPU 板上的 J1～J6 跳线均接至 EPC2 OFF，然后通过 CPU 板上 JTAG 口将 total_1.pof 文件写入 FPGA。将系统断电重启动。

1. 单片机键盘操作方式实验

1) 写微代码

(1) 将开关 K1、K2、K3、K4 拨到写状态，即 K1 OFF、K2 ON、K3 OFF、K4 OFF，其中 K1、K2、K3 在微程序控制电路，K4 在 24 位微代码输入及显示电路上。在监控指示灯滚动显示【CLASS SELECT】状态下按【实验选择】键，显示【ES--_ _】输入 10，按【确认】键，显示为【ES10】。再按【确认】键，

(2) 监控显示为【CtL1=_】，输入 1 显示【CtL1_1】，按【确认】键。

(3) 监控显示【U-Addr】，此时输入“000000”6 位二进制数表示的微地址，然后按【确认】键，监控指示灯显示【U_CodE】，显示这时输入微代码“007F90”，该微代码是用 6 位十六进制数来表示前面的 24 位二进制数，注意输入微代码的顺序，先右后左，按【确认】键，则显示【PULSE】，按【单步】键完成一条微代码的输入，重新显示【U-Addr】提示输入第二条微代码地址。

(4) 按照上面的方法输入表 11-2 中的微代码，观察微代码与微地址显示灯的对应关系(注意输入微代码的顺序是由右至左)。

2) 读微代码及校验微代码

(1) 先将开关 K1、K2、K3、K4 拨到读状态，即 K1 OFF、K2 OFF、K3 ON、K4 OFF，按【RESET】键对单片机复位，使监控指示灯滚动显示【CLASS SELECT】状态。

(2) 按【实验选择】键，显示【ES--_ _】输入 10，按【确认】键，显示【ES10】。再按【确认】键。

(3) 监控显示【CtL1=_】时，输入 2，按【确认】显示【U-Addr】，此时输入 6 位二进制微地址，进入读代码状态。再按【确认】键显示【PULSE】，此时按【单步】键，微地址指示灯显示输入的微地址，同时微代码显示电路上显示该地址对应的微代码，至此完成一条微指令的读过程。

(4) 此时监控显示【U-Addr】，按上述步骤对照表 11-2 检查微代码是否有错误，如有错误，可按步骤 1)重新输入微代码。

3) 写机器指令

(1) 先将 K1、K2、K3、K4 拨到运行状态，即 K1 ON、K2 OFF、K3 ON、K4 OFF，按【RESET】键对单片机复位，使监控指示灯滚动显示【CLASS SELECT】状态。

(2) 按【实验选择】键，显示【ES--_ _】输入 10，按【确认】键，显示【ES10】。再按【确认】键。

(3) 监控显示【CtL1=_】，按【取消】键，监控指示灯显示【CtL2=_】，输入 1 显示【CtL2_1】表示进入对机器指令操作状态，此时拨动清零开关 CLR(在控制开关电路上，注意对应的 JUI 应短接)对地址寄存器、指令寄存器清零，清零结果是地址指示灯和地址指示灯全灭(如不清零则会影响机器指令的输入)，确定清零后，按【确认】键。

(4) 监控显示闪烁的【PULSE】，按【单步】键，微地址显示灯显示“010001”时，再按【单步】键，黄色微地址显示灯显示“010100”，地址指示灯(8 个黄色指示灯)显示“00000000”，此时按【确认】键，监控指示灯显示【DATA】，提示输入机器指令“60”或 0060(两位或 4 位十六进制数)，输入后按【确认】键，显示【PULSE】，再按【单步】键，微地址显示灯(黄色)显示“011000”，数据总线显示灯(16 个绿色指示灯)显示“0000000001100000”，即输入的机器指令。

(5) 再连续按【单步】键，当黄色微地址显示灯再次显示“010100”时，按【确认】键输入第二条机器指令。依此规律逐条输入表 11-3 中的机器指令，输完后，可连续按【取消】或【RESTE】键退出写机器指令状态。

注意　每当黄色微地址显示灯显示“001100”时，地址指示灯自动加 1 显示。如输入指令为 8 位，则高 8 位自动变为 0。

4) 读机器指令校验机器指令

在监控指示灯显示【CtL2=_】状态下，输入 2，显示【CtL2_2】，表示进入读机器指令状态，按步骤 2)读微代码与校验微代码(4)中的的方法重新拨动清零开关 CLR 对地址寄存器和指令寄存器进行清零，然后按【确认】键，显示【PULSE】，连续按【单步】键，黄色微地址显示灯显示从“000000”开始，然后按“010000”、“010010”、“010110”方式循环显示。只有当微地址灯(黄色)显示“010000”时，输出显示数码管上显示的为写入的机器指令。读的过程注意微地址显示灯、地址显示灯和数据总线显示灯的对应关系。如果发现机器指令有误，则需重新输入机器指令。

注意　机器指令存放在 RAM 里，断电后需重新输入。

5) 运行程序

在监控指示灯显示【CtL2=_】状态下，输入 3，显示【CtL2_3】，表示进入运行机器指令状态，按步骤 2)读微代码与校验微代码(4)中的方法，重新拨动清零开关 CLR 对地址寄存器和指令寄存器进行清零，然后按【确认】键，显示【run CodE】，表示运行程序，可以按【单步】键运行程序，也可以按【全速】键运行程序，观察实验运行结果。

6) 运行结果

(1) 单步运行结果。

在监控指示灯显示【run code】状态下，连续按【单步】键，可单步运行程序。当微地址显示灯显示“001111”时，按【单步】键，监控指示灯显示【DATA】，此时输入数据“1000”，按【确认】，再连续按【单步】键。当微地址显示灯显示“001101”时，按【单步】键，输出显示电路数码管结果为“1000”。此时可按一次单脉冲键，再连续按【单步】键。当微地址显示灯再次显示“001101”时，按【单步】键，输出显示结果为“1001”。以后每按一次

单脉冲键，经若干按【单步】键后，输出显示结果均自动加 1。

(2) 全速运行结果。

在监控指示灯显示【run code】状态下，按【全速】键，开始自动执行程序。在监控指示灯显示【data】时输入数据，按【确定】键，程序继续运行，此时可由数码管显示输入的数据。此后，每按一次单脉冲键，输出显示结果均自动加 1。

2. 采用开关控制操作方式进行实验

学生可参考前述实验自行思考用开关方式的连线和实验过程。

八、实验提示

在单步运行状态下，通过微地址显示灯观察运行流程，特别是发生中断后的运行流程。

实验十二　EL-JY-Ⅱ实验系统的基于重叠和流水线技术的CPU结构实验

一、实验目的

(1) 了解微程序控制器是如何控制模型机运行的，掌握整机动态工作过程；
(2) 掌握重叠和流水线结构的工作原理及实现方法；
(3) 定义5条机器指令，编写相应微程序并具体上机调试。

二、实验设备

EL-JY-II型计算机组成原理实验系统一套，排线若干。

三、模型机结构

模型机结构如图12-1所示。

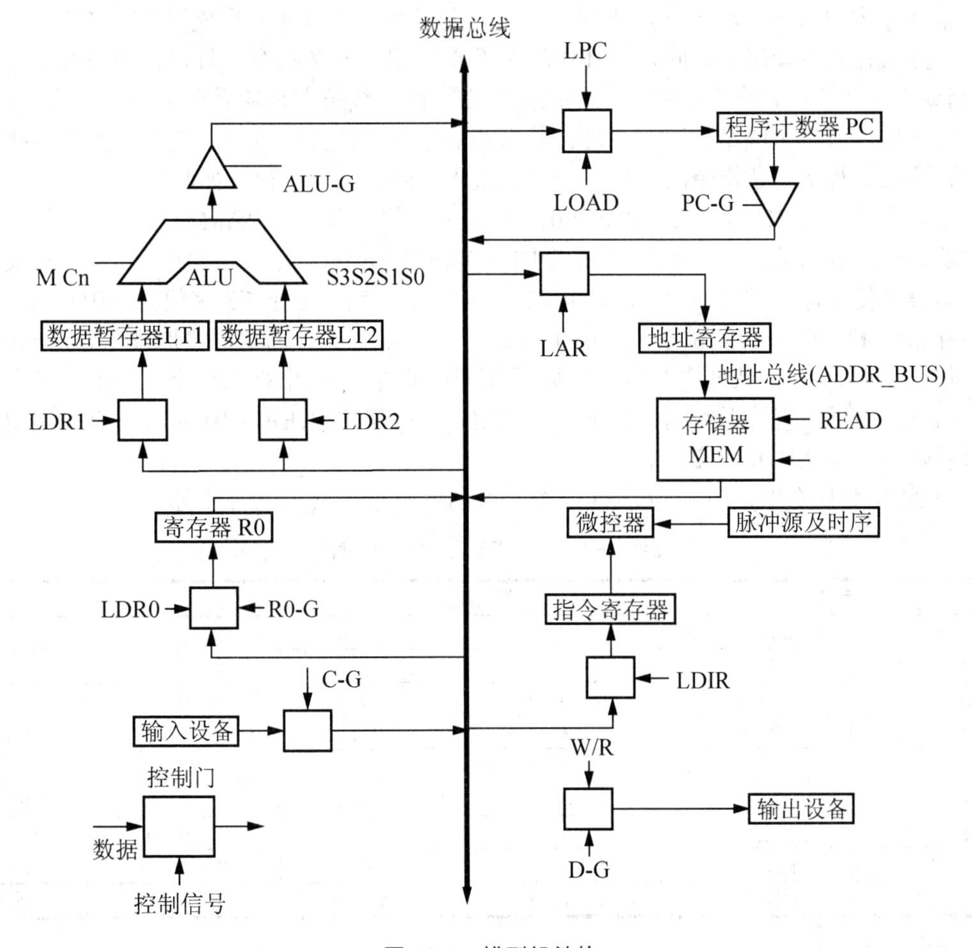

图12-1　模型机结构

图 12-1 中运算器 ALU 由 U7～U10 四片 74LS181 构成，数据暂存器 LT1 由 U3、U4 两片 74LS273 构成，数据暂存器 LT2 由 U5、U6 两片 74LS273 构成。控制器部分由 U13～U15 三片 2816 构成。除此之外，CPU 的其他部分都由 EP1K10 集成(其原理见附录 A 中 EL-JY-II 计算机组成原理实验系统相关的实验介绍部分)。

存储器部分由两片 6116 构成 16 位存储器，地址总线只有低 8 位有效，因而其他存储器空间为 00H～FFH。

输出设备由底板上的 4 个 LED 数码管及其译码、驱动电路构成，当 D-G 和 W/R 均为低电平时将数据总线的数据送入数码管显示器。在开关方式下，输入设备由 16 位电平开关及两个三态缓冲芯片 74LS244 构成，当 DIJ-G 为低电平时 16 位开关状态送上数据总线。在键盘方式或联机状态方式下，数据可由键盘或上位机输入，然后由监控程序直接送上数据总线，因而外加的数据输入电路可以不用。

注：本系统的数据总线为 16 位，指令、地址和程序计数器均为 8 位。当数据总线上的数据打入指令寄存器、地址寄存器和程序计数器时，只有低 8 位有效。

四、工作原理

重叠技术的原理：程序开始执行时，先将若干条指令取入一个先进先出(FIFO)的指令队列。然后在指令译码的同时，从 FIFO 队列中取出下一条指令，打入指令寄存器，使得“取指令”和“执行指令”具有时空上的并行性。流水线技术是建立在重叠技术的基础上。本实验采用二级流水线结构，其原理：使取指和指令译码同时进行，当上一条指令执行完成后，不再进行下一条指令的取指，而直接进入译码、执行过程，如此循环。

在本实验中当 PC 指针为“00000001”时，先将第一条令由 RAM 读出并打入指令寄存器，然后顺序取出第 2、3、4、5 条指令的操作码送入 FIFO 队列。本实验与其他实验不同的是本实验指令译码过程中 P1 测试和 P2 测试同时有效(对应于 F3 字段为“011”)，以指令寄存器的 I7～I2 作为测试条件，产生 5 路分支，占用 5 个固定的微地址单元。同时 PC 指针加 1，并将 FIFO 队列中的第一个数据(即下一条指令)取出打入指令寄存器。当上一条指令执行完成后，直接返回到译码阶段。以上这些操作均由 EP1K10 实现，有兴趣的学生可查看随机工程文件 total_2.gdf。

在 24 位微指令中，F1、F2、F3 三个字段的编码方案如表 12-1 所示。

表 12-1　F1、F2、F3 三个字段的编码方案

F1 字段		F2 字段		F3 字段	
15 14 13	选择	12 11 10	选择	9 8 7	选择
0 0 0	LDRi	0 0 0	RAG	0 0 0	P1
0 0 1	LOAD	0 0 1	ALU-G	0 0 1	AR
0 1 0	LDR2	0 1 0	RCG	0 1 0	P3
0 1 1	自定义	0 1 1	自定义	0 1 1	自定义
1 0 0	LDR1	1 0 0	RBG	1 0 0	P2
1 0 1	LAR	1 0 1	PC-G	1 0 1	LPC
1 1 0	LDIR	1 1 0	299-G	1 1 0	P4
1 1 1	无操作	1 1 1	无操作	1 1 1	无操作

系统涉及的微程序流程如图 12-2 所示(图 12-2 中各方框内为微指令所执行的操作，方框外的标号为该条指令所处的八进制微地址)。

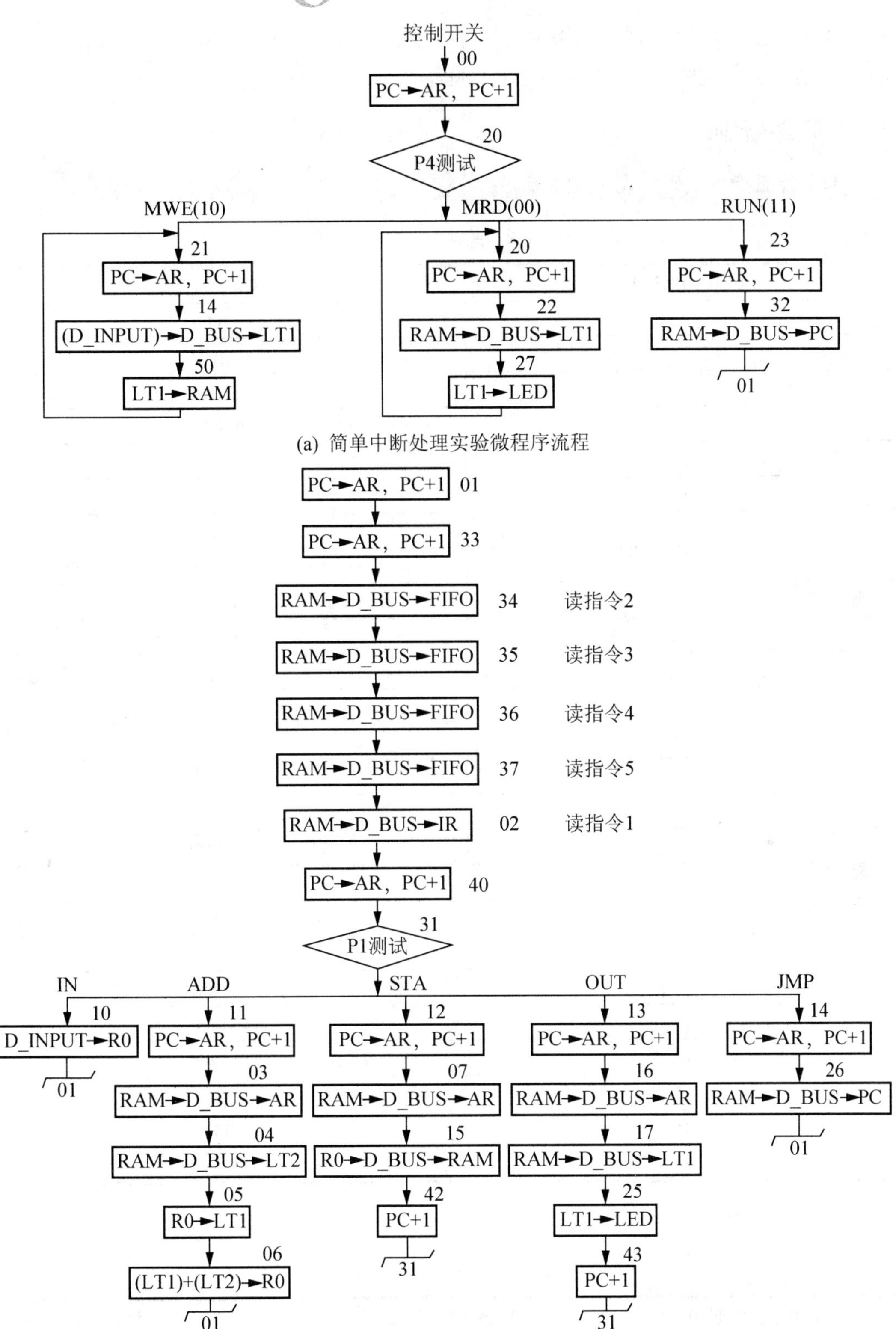

控制开关
00
PC→AR，PC+1
20
P4测试
MWE(10)
MRD(00)
RUN(11)
21
PC→AR，PC+1
14
(D_INPUT)→D_BUS→LT1
50
LT1→RAM
20
PC→AR，PC+1
22
RAM→D_BUS→LT1
27
LT1→LED
23
PC→AR，PC+1
32
RAM→D_BUS→PC
01
(a) 简单中断处理实验微程序流程
PC→AR，PC+1 01
PC→AR，PC+1 33
RAM→D_BUS→FIFO 34 读指令2
RAM→D_BUS→FIFO 35 读指令3
RAM→D_BUS→FIFO 36 读指令4
RAM→D_BUS→FIFO 37 读指令5
RAM→D_BUS→IR 02 读指令1
PC→AR，PC+1 40
31
P1测试
IN
ADD
STA
OUT
JMP
10
D_INPUT→R0
01
11
PC→AR，PC+1
03
RAM→D_BUS→AR
04
RAM→D_BUS→LT2
05
R0→LT1
06
(LT1)+(LT2)→R0
01
12
PC→AR，PC+1
07
RAM→D_BUS→AR
15
R0→D_BUS→RAM
42
PC+1
31
13
PC→AR，PC+1
16
RAM→D_BUS→AR
17
RAM→D_BUS→LT1
25
LT1→LED
43
PC+1
31
14
PC→AR，PC+1
26
RAM→D_BUS→PC
01
(b) 流水线实验微程序流程

图 12-2　微指令流程

当全部微程序流程图设计完毕后，应将每条微指令代码化，表 12-2 中的微代码即是将图 12-2 所示的微程序流程按微指令格式转化而来的。

五、实验参考代码

本实验微指令代码如表 12-2 所示。

表 12-2　实验十二微指令代码

微地址(八进制)	微代码(十六进制)
00	007F90
01	005B5B
02	0115BD9
04	0029C5
05	9403D9
10	010FD9
20	005B52
21	005B54
22	014FD7
23	005B5A
24	01CFD8
27	06F3D0
30	FF73D1
31	006EE0
32	011F41
33	016FDC
34	017FDD
35	017FDE
36	017FDF
37	017FC2
41	005B48
42	005B49
45	02F1D9
46	018FD9
51	0041C4

本实验机器指令代码如表 12-3 所示。

表 12-3　实验机器指令表

地址(十六进制)	机器指令(十六进制)	助记符
00	0000	
01	0048	IN ——→R0

续表

地址(十六进制)	机器指令(十六进制)	助记符
02	1005	MOV BX，01H
03	0001	
04	0049	ADD AX，BX
05	0044	OUT DISP，AX
06	0008	JMP 00H

注：其中 MOV、JMP 为双字长(32 位)指令，其余为单字长指令，而对于双字长指令，第一字为操作码，第二字为为操作数；对于单字长指令只有操作码，没有操作数。上述所有指令的操作码均为低 8 位，其高 8 位均默认为 0。而操作数 8 位和 16 位均可。KIN 和 DISP 分别为本系统的专用输入、输出设备。

六、实验连线

采用键盘方式时见连线图 12-3。连线时应按如下方法：对于横排座，应使排线插头上的箭头面向自己插在横排座上；对于竖排座，应使排线插头上的箭头面向左边插在竖排座上)。采用开关方式时，连线作如下改动。

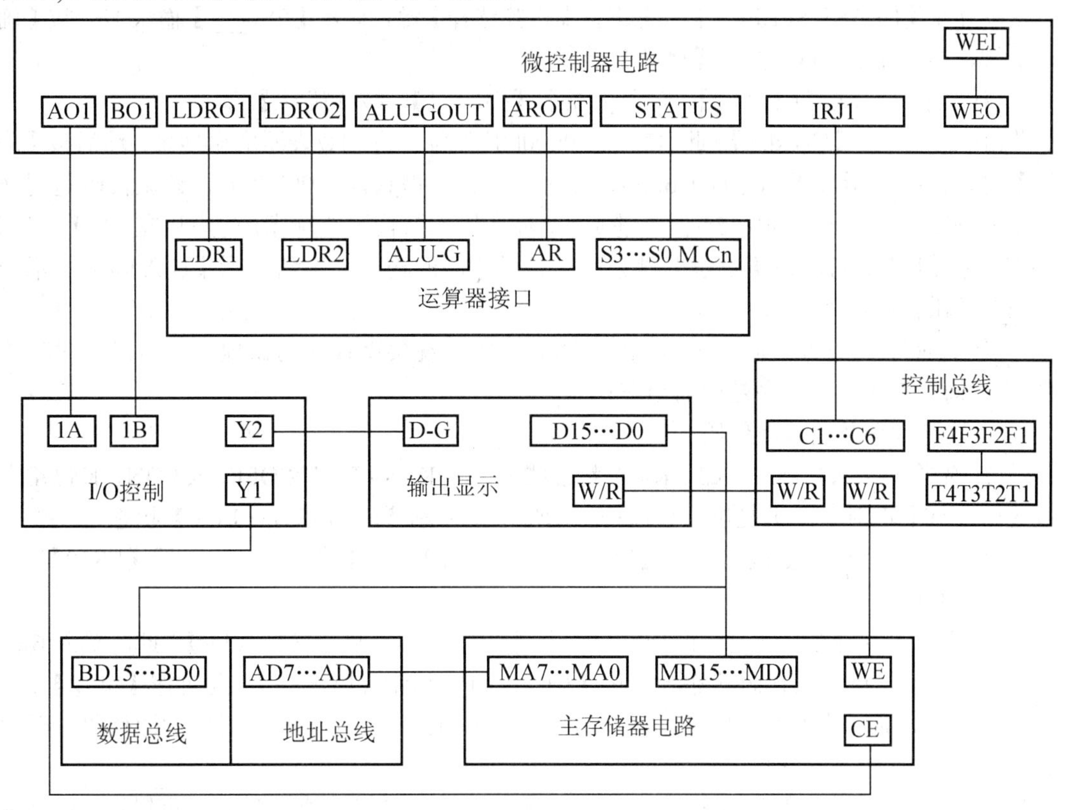

图 12-3　重叠流水线实验连线

断开控制总线 C1～C6 和 F4～F1 上的接线

数据输入电路 DIJ1　　　　接　　　　数据总线 BD7～BD0

数据输入电路 DIJ2	接	数据总线 BD15～BD8
数据输入电路 DIJ-G	接	I/O 控制电路 Y3
微控器接口 UAJ1	接	控制开关电路 UA5～UA0
脉冲源及时序电路 fin	接	脉冲源及时序电路 *f*/8
脉冲源及时序电路 T4～T1	接	控制总线 T4～T1
控制开关电路 CA1	接	控制总线 E4
控制开关电路 CA2	接	控制总线 E5

七、实验步骤

实验前首先将 CPU 板上的 J1～J6 跳线均接至 EPC2 ON，然后通过 CPU 板上 JTAG 口将 total_2.pof 文件写入 FPGA。将系统关闭重启动。

1. 单片机键盘控制操作方式实验

1) 写微代码

(1) 将开关 K1、K2、K3、K4 拨到写状态，即 K1 OFF、K2 ON、K3 OFF、K4 OFF，其中 K1、K2、K3 在微程序控制电路，K4 在 24 位微代码输入及显示电路上。在监控指示灯滚动显示【CLASS SELECT】状态下按【实验选择】键，显示【ES--_ _】输入 10，按【确认】键，显示【ES10】。再按【确认】键，

(2) 监控显示为【CtL1=_】，输入 1 显示【CtL1_1】，按【确认】键。

(3) 监控显示【U-Addr】，此时输入“000000”6 位二进制数表示的微地址，然后按【确认】键，监控指示灯显示【U_CodE】，显示这时输入微代码“007F90”，该微代码是用 6 位十六进制数来表示前面的 24 位二进制数，注意输入微代码的顺序，先右后左，按【确认】键则显示【PULSE】，按【单步】键完成一条微代码的输入，重新显示【U-Addr】提示输入第二条微代码地址。

(4) 按照上面的方法输入表 12-2 中的微代码，观察微代码与微地址显示灯的对应关系(注意输入微代码的顺序是由右至左)。

2) 读微代码及校验微代码

(1) 先将开关 K1、K2、K3、K4 拨到读状态，即 K1 OFF、K2 OFF、K3 ON、K4 OFF，按【RESET】键对单片机复位，使监控指示灯滚动显示【CLASS SELECT】状态。

(2) 按【实验选择】键，显示【ES--_ _】输入 10，按【确认】键，显示【ES10】。再按【确认】键。

(3) 监控显示【CtL1=_】时，输入 2，按【确认】键，显示【U-Addr】，此时输入 6 位二进制微地址，进入读代码状态。再按【确认】键，显示【PULSE】，此时按【单步】键，微地址指示灯显示输入的微地址，同时微代码显示电路上显示该地址对应的微代码，至此完成一条微指令的读过程。

(4) 此时监控显示【U-Addr】，按上述步骤对照表 12-2 检查微代码是否有错误，如有错误，可按步骤 1)重新输入微代码。

3) 写机器指令

(1) 先将 K1、K2、K3、K4 拨到运行状态，即 K1 ON、K2 OFF、K3 ON、K4 OFF，

按【RESET】键对单片机复位，使监控指示灯滚动显示【CLASS SELECT】状态.

(2) 按【实验选择】键，显示【ES--_ _】输入 10，按【确认】键，显示【ES10】。再按【确认】键。

(3) 监控显示【CtL1=_】，按【取消】键，监控指示灯显示【CtL2=_】，输入 1 显示【CtL2_1】表示进入对机器指令操作状态，此时拨动清零开关 CLR(在控制开关电路上，注意对应的 JUI 应短接)对地址寄存器、指令寄存器清零，清零结果是地址指示灯和地址指示灯全灭(如不清零则会影响机器指令的输入)，确定清零后，按【确认】键。

(4) 监控显示闪烁的【PULSE】，按【单步】键，微地址显示灯显示“010001”时，再按【单步】键，黄色微地址显示灯显示“010100，地址指示灯(8 个黄色指示灯)显示“00000000”，此时按【确认】键，监控指示灯显示【DATA】，提示输入机器指令“00”或“0000”(两位或 4 位十六进制数)，输入后按【确认】键，显示【PULSE】，再按【单步】键，黄色微地址显示灯显示“011000”，数据总线显示灯(16 个绿色指示灯)显示“000000000000 0000”，即输入的机器指令。

(5) 再连续按【单步】键，当黄色微地址显示灯再次显示“010100”时，按【确认】键输入第二条机器指令。依此规律逐条输入表 12-3 中的机器指令，输完后，可连续按【取消】或【RESTE】键退出写机器指令状态。

注意　每当黄色微地址显示灯显示“001100”时，地址指示灯自动加 1 显示。如输入指令为 8 位，则高 8 位自动变为 0。

4) 读机器指令校验机器指令

在监控指示灯显示【CtL2=_】状态下，输入 2，显示【CtL2_2】，表示进入读机器指令状态，按步骤 2)读微代码及校验微代码(4)中的方法，重新拨动清零开关 CLR 对地址寄存器和指令寄存器进行清零，然后按【确认】键，显示【PULSE】，连续按【单步】键，黄色微地址显示灯显示从“000000”开始，然后按“010000”、“010010”、“010110”方式循环显示。只有当黄色微地址灯显示“010000”时，输出显示数码管上显示的为写入的机器指令。读的过程注意微地址显示灯、地址显示灯和数据总线指示灯的对应关系。如果发现机器指令有误，则需重新输入机器指令。

注意　机器指令存放在 RAM 里，断电后需重新输入。

5) 运行程序

在监控指示灯显示【CtL2=_】状态下，输入 3，显示【CtL2_3】，表示进入运行机器指令状态，按步骤 2)读微代码及校验微代码(4)中的方法，重新拨动清零开关 CLR 对地址寄存器和指令寄存器进行清零，然后按【确认】键，显示【run CodE】，表示运行程序，可以按【单步】键运行程序，也可以按【全速】键运行程序，观察实验运行结果。

6) 运行结果

(1) 单步运行结果。

在监控指示灯显示【run CodE】状态下，连续按【单步】键，可单步运行程序。当微地址显示灯显示“100110”时，按【单步】键，监控指示灯显示【DATA】，此时输入数据“2233”，即被加数，按【确认】，再连续按【单步】键。当微地址显示灯显示“100101”时，

按【单步】键，输出显示电路数码管结果为“2234”。即“2233＋0001=2234”，同时数据显示灯显示“0010001000110100”，表示结果正确。

(2) 全速运行结果。

在监控指示灯显示【run CodE】状态下，按【全速】键，开始自动执行程序。在监控指示灯显示【DATA】时输入数据，按【确定】键，程序继续运行，此时可由数码管显示出运算结果。

2. 开关控制操作方式实验

学生可参考前述实验自行思考用开关方式的连线和实验过程。

八、实验提示

在单步运行状态下，通过微地址显示灯观察运行流程，特别是发生中断后的运行流程。

实验十三　EL-JY-Ⅱ实验系统的 RISC 模型机实验

一、实验目的

(1) 掌握精简指令系统计算机(RISC)的含义及其工作流程；

(2) 了解 RISC 处理器的设计方法；

(3) 定义若干条机器指令，观察其运行过程和运行结果。

二、实验设备

EL-JY-II 型计算机组成原理实验系统一套，排线若干。

三、模型机结构

模型机结构如图 13-1 所示。

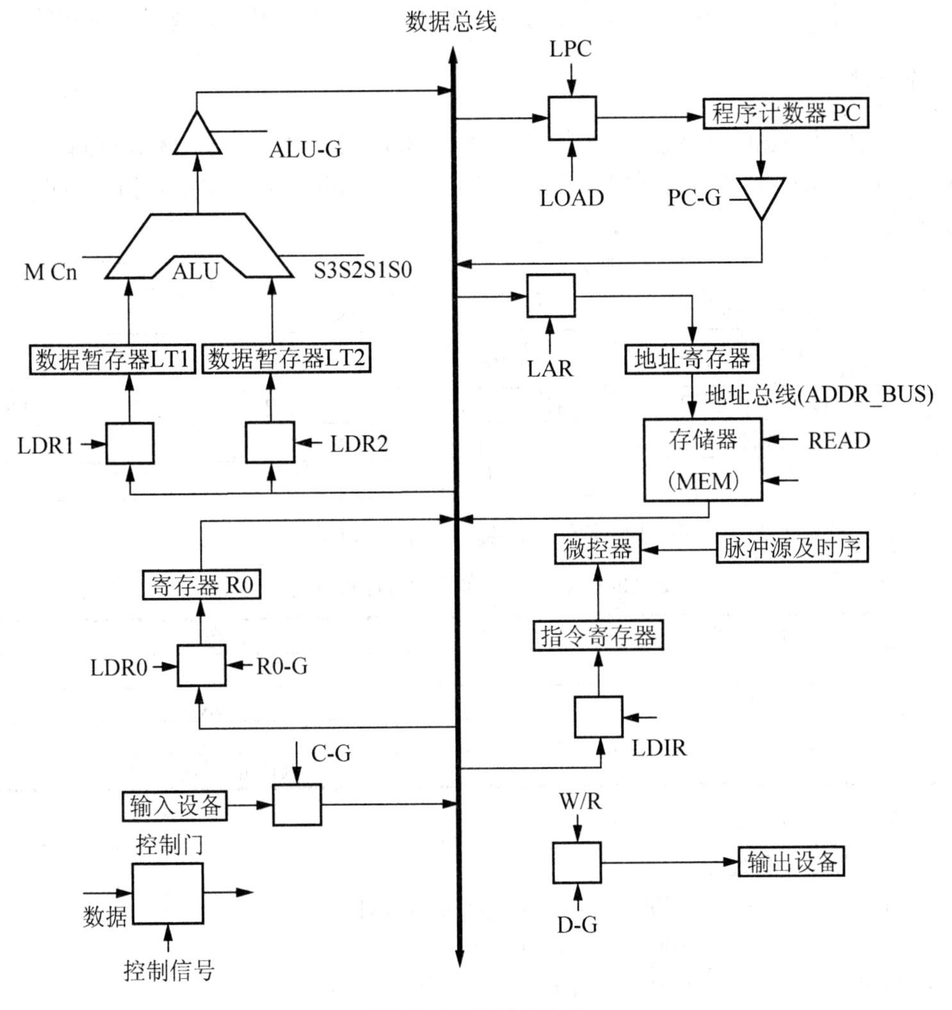

图 13-1　模型机结构

图 13-1 中运算器 ALU 由 U7～U10 四片 74LS181 构成，数据暂存器 LT1 由 U3、U4 两片 74LS273 构成，数据暂存器 LT2 由 U5、U6 两片 74LS273 构成。ALU 的操作控制信号“S2S2S1S0MCn”设置为固定的点评信号“100101”，使其只能进行加法运算。除此之外，CPU 的其他部分都由 EP1K10 集成。本实验与前面实验的不同之处在于，机器指令的执行不通过微程序控制，而通过指令译码器直接译出各部件的控制信号，以硬布线方式控制，使得指令的执行速度大大提高，这也是 RISC 处理器的最大特点。

存储器部分由两片 6116 构成 16 位存储器，地址总线只有低 8 位有效，因而其他存储器空间为 00H～FFH。

输出设备由底板上的 4 个 LED 数码管及其译码、驱动电路构成，当 D-G 和 W/R 均为低电平时将数据总线的数据送入数码管显示器。在开关方式下，输入设备由 16 位电平开关及两个三态缓冲芯片 74LS244 构成，当 DIJ-G 为低电平时 16 位开关状态送上数据总线。在键盘方式或联机状态方式下，数据可由键盘或上位机输入，然后由监控程序直接送上数据总线，因而外加的数据输入电路可以不用。

注：本系统的数据总线为 16 位，指令、地址和程序计数器均为 8 位。当数据总线上的数据打入指令寄存器、地址寄存器和程序计数器时，只有低 8 位有效。

四、工作原理

(1) 本实验中 RISC 处理器定义了 5 条指令：MOV(寄存器寻址)、MOV(存储器寻址)、ADD、OUT、JMP。寻址方式采用寄存器寻址和立即数寻址两种。单字长指令格式如下(高 8 位默认为 0)。

D7	D6	D5	D4	D3	D2	D1	D0
操作码				rs		rd	

双字长指令格式如下(高 8 位均默认为 0)。

D7	D6	D5	D4	D3	D2	D1	D0
操作码				rs		rd	
立即数							

rs、rd 不同的状态选中不同的寄存器，具体如表 13-1 所示。

表 13-1　源寄存器和目的寄存器功能

rs 或 rd	寄存器
00	AX
01	BX
10	CX
11	DR1(加法暂存器 1)

以上所有的指令均在一个机器周期内实现。

(2) 本实验指令系统如下。

MOV:　　1000　rs　rd (寄存器寻址)

ADD:　　1001　11　rd

JMP:　　0001　10　rs

MOV:　　0000　01　rd (存储器寻址)

DATA(立即数)

OUT:　　　　0100　　01　rs

指令说明如下。

MOV：(寄存器寻址)表示将 rs 寄存器的数送给 rd 寄存器。

MOV：(存储器寻址)表示将立即数 DATA 送给寄存器 rd。

JMP：为转移指令，跳转地址为 rs 寄存器中的值。

ADD：为加法指令，被加数固定为 DR1，与加数 rd 相加后送给 rd。

OUT：指令表示将寄存器 rs 的数据输出至显示单元。

(3) 本实验中也设置了对机器指令的 3 种状态，由控制开关 CA2、CA1 决定。CA2=1、CA1=0 或 CA2=0、CA1=1 对应于写指令状态；CA2=0、CA1=0 对应于读指令状态；CA2=1、CA1=1 对应于指令执行状态。其流程如图 13-2 所示。

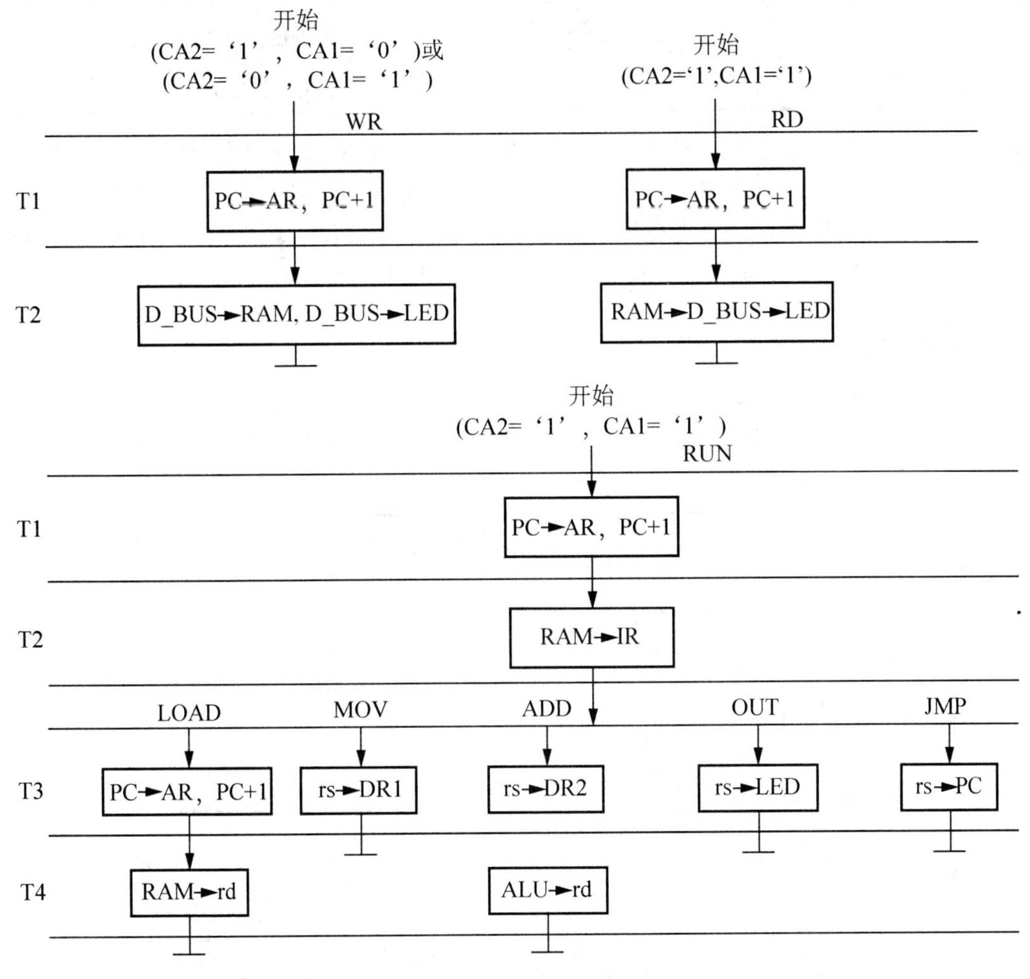

图 13-2　RISC 模型机实验流程

注：CA2、CA1 由控制总线的 E4、E5 给出。键盘操作方式时由监控程序直接对 E4、E5 赋值，无须接线。开关方式时可将 E4、E5 接至控制开关 CA2、CA1，由开关来控制。

(4) 指令译码器的内部逻辑见随机工程文件 total_3.gdf。

五、实验参考代码

本实验机器指令如表 13-2 所示。

表 13-2 RISC 实验机器指令

地址(H)	内容(H)	助记符	说　明
00	0004	MOV AX，0001H	0001H→AX
01	0001		
02	0005	MOV BX，0001H	0001H→BX
03	0001		
04	0087	MOV DR1，BX	BX→DR1
05	009C	ADD AX，DR1	AX＋BX→AX
06	0044	OUT DISP，AX	AX→LED
09	0005	MOV BX，0002H	0002H→BX
08	0002		
09	0019	JMP　BX	BX→PC

注：DR1 为累加器的暂存器 1。其中 MOV、JMP 为双字长(32 位)指令，其余为单字长指令。对于双字长指令，第一字微操作码，第二字为操作数；对于单字长指令只有操作码，没有操作数。上述所有指令的操作码均为低 8 为有效，高 8 位默认为 0。而操作数 8 位和 16 位均可。DISP 为本系统专用输出设备。

六、实验连线

键盘方式连线如图 13-3 所示，开关方式连线如图 13-4 所示。连线时应按如下方法：对于横排座，应使排线插头上的箭头面向自己插在横排座上；对于竖排座，应使排线插头上的箭头面向左边插在竖排座上。

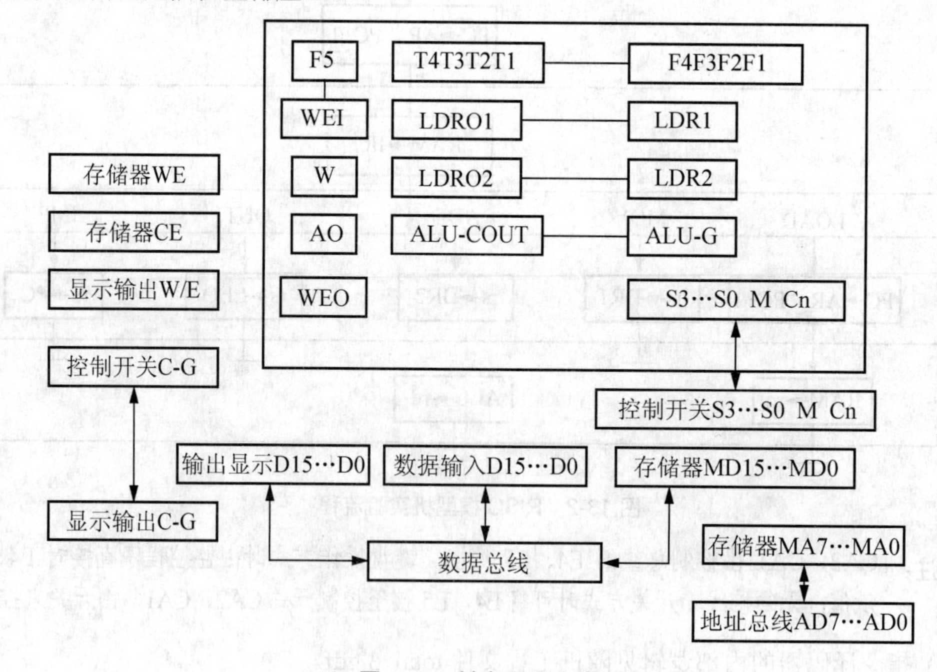

图 13-3 键盘方式连线

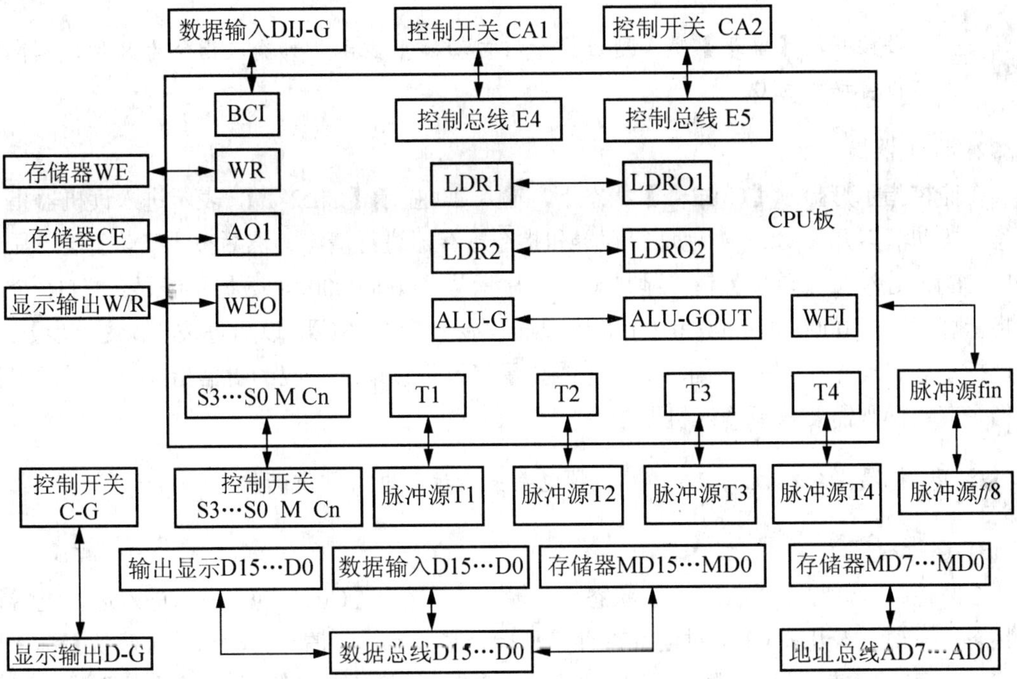

图 13-4 开关方式连线

七、实验步骤

实验前，首先将 CPU 板上的 J1～J6 跳线均接至 EPC2 OFF，然后通过 CPU 板上 JTAG 口将 total_3.pof 文件写入 FPGA。

1. 键盘控制操作方式实验

按照图 13-3 所示将线全部接好。调整控制开关，使 C-G=‘0’，S3S2S1S0MCn=“100101”。

1) 写机器指令

(1) 先将 K4 拨到“OFF”状态。K1、K2、K3 随意，按【RESET】键对单片机复位，使监控指示灯滚动显示【CLASS SELECT】状态.

(2) 按【实验选择】键，显示【ES--_ _】输入 12，按【确认】键，显示【ES12】。再按【确认】键。

(3) 监控显示【CtL2=_】，输入 1 显示【CtL2_1】表示进入对机器指令操作状态，此时拨动清零开关 CLR(在控制开关电路上，注意对应的 JUI 应短接)对地址寄存器、指令寄存器清零，清零结果是地址指示灯和地址指示灯全灭(如不清零则会影响机器指令的输入)，确定清零后，按【确认】键。

(4) 监控指示灯显示【DATA】，提示输入机器指令“04”或“0004”(两位或 4 位十六进制数)，输入后按【确认】键，显示【PULSE】，再按【单步】键，数据总线显示灯(16 个绿色指示灯)显示“0000000000000100”，即输入的机器指令。

(5) 此时监控继续显示【DATA】，此时可输入第二条机器指令。依此规律逐条输入表 13-2 中的机器指令，输完后，可连续按【取消】或【RESTE】键退出写机器指令状态。

注意 每按一次【单步】键，地址指示灯自动加 1 显示。如输入指令为 8 位，则高 8 位自动变为 0。

2) 读机器指令

在监控指示灯显示【CtL2=_】状态下，输入 2，显示【CtL2_2】，表示进入读机器指令状态，拨动清零开关 CLR 对地址寄存器和指令寄存器进行清零，然后按【确认】键，显示【PULSE】，连续按【单步】键，地址显示灯显示从“00000000”，数据总线显示灯(16 个绿色指示灯)显示“0000000000000100”，监控继续显示【PULSE】，以后每按一次【单步】键，地址指示灯自动加 1 显示，同时数据总线显示灯显示该地址对应的机器指令。如果发现机器指令有误，则需要重新输入机器指令。

注意 机器指令存放在 RAM 里，掉电丢失，故断电后需重新输入。

3) 运行程序

在监控指示灯显示【CtL2=_】状态下，输入 3，显示【CtL2_3】，表示进入运行机器指令状态，拨动清零开关 CLR 对地址寄存器和指令寄存器进行清零，然后按【确认】键，显示【run CodE】，表示运行程序，可以按【单步】键运行程序，也可以按【全速】键运行程序，观察实验运行结果。

4) 运行结果

(1) 单步运行结果。在监控指示灯显示【run CodE】状态下，连续按【单步】键，可单步运行程序。当地址显示灯显示“00000110”时，输出显示电路数码管显示结果为“0002”。再连续按【单步】键，以后当地址显示灯再次显示“00000110”时，输出显示电路数码管显示结果自动加 1。

(2) 全速运行结果。在监控指示灯显示【run code】状态下，按【全速】键，开始自动执行程序。此时可由数码管从“0002”起循环加 1 显示。

2. 开关控制操作方式实验

按照图 13-4 所示将线全部接好，调整控制开关，使 C-G=“0”, S3S2S1S0MCn=“100101”。

1) 写机器指令

将控制开关上 CA2 拨到‘1’，CA1 拨到‘0’状态；拨动清零开关 CLR 对地址寄存器清零；将数据输入电路的 D15～D0 拨到需输入的指令数据，按【单步】键，数据便写入存储器，同时显示在 LED 上。改变输入数据，再按【单步】键，地址自动加 1，写入存储器数据同时在 LED 上显示出来。重复以上步骤，直至输完所有的机器指令。

2) 读机器指令

将控制开关上 CA2 拨到‘0’，CA1 拨到‘0’状态；拨动清零开关 CLR 对地址寄存器清零；按一次【单步】键，LED 上显示出存储器当前地址上的数据。以后每按一次【单步】键，地址自动加 1，LED 上同时显示出存储器当前地址的数据。读操作可以检查存储器的数据是否与写入数据相符。如不符，可重复步骤 1)。

3) 运行指令

将控制开关上CA2拨到‘1’，CA1拨到‘1’状态；拨动清零开关CLR对地址寄存器清零；每按一次【单步】键，便顺序执行一条指令。地址寄存器电路上8个黄色指示灯表示当前的程序地址。

4) 实验结果

如在单步运行状态下观察实验结果。则每当地址显示为“04”时，LED上显示输出结果。第一次为“0002”、第二次为“0003”、第三次为“0004”……以此类推(显示自动加1)。如在全速运行状态下观察实验结果，则输出显示数码从“0002”起循环加1。

实验十四　EL-JY-Ⅱ实验系统的可重构原理计算机组成实验

一、实验目的

掌握用 CPLD 实现 CPU 某一部分功能的方法。

二、实验说明

在本实验中，用 CPLD 实现运算器 ALU 的功能。ALU 部分的原理图见实验一。本实验的 VHDL 程序如下。

```
library IEEE;
use IEEE.STD_LOGIC_1164.ALL;
use IEEE.STD_LOGIC_UNSIGNED.ALL;

entity reconst is
port (S: in std_logic_vector(3 downto 0);
      LDR1,LDR2,T4,ALU_G,M,CN: in std_logic;
      data: inout std_logic_vector(15 downto 0)
     );
end reconst;

architecture doit of reconst is
signal data1,data2,data3 : std_logic_vector(15 downto 0);
begin
```

P1: process(T4，LDR1)

```
begin
  if(T4'event and T4='1') then
    if(LDR1='1') then
      data1<=data;
    end if;
  end if;
end process P1;
```

P2: process(T4, LDR2)

```
begin
  if(T4'event and T4='1') then
    if(LDR2='1') then
      data2<=data;
    end if;
  end if;
```

```
end process P2;
data3<=data1 when S="0000" and M='0' and CN='1' else
        data2 when S="1010" and M='1' else
        data1+data2 when S="1001" and M='0' and CN='1' else
        data1+data2+1 when S="1001" and M='0' and CN='0' else
        "0000000000000000";
data<=data3 when ALU_G='0' else
       "ZZZZZZZZZZZZZZZZ";
end doit;
```

注：本程序实现不带进位的加法器功能，其功能如表14-1所示(DATA1为被加数，DATA2为加数)。

表 14-1 运算功能

选择						结果
S3	S2	S1	S0	M	Cn	
0	0	0	0	0	1	DATA1
1	0	1	0	1	1	DATA2
1	0	0	1	0	1	DATA1+DATA2
1	0	0	1	0	0	DATA1+DATA2+1
其他						0

三、实验连线

实验连线如图 14-1 和图 14-2 所示。连线时应按如下方法：对于横排座，应使排线插头上的箭头面向自己插在横排座上；对于竖排座，应使排线插头上的箭头面向左边插在竖排座上。

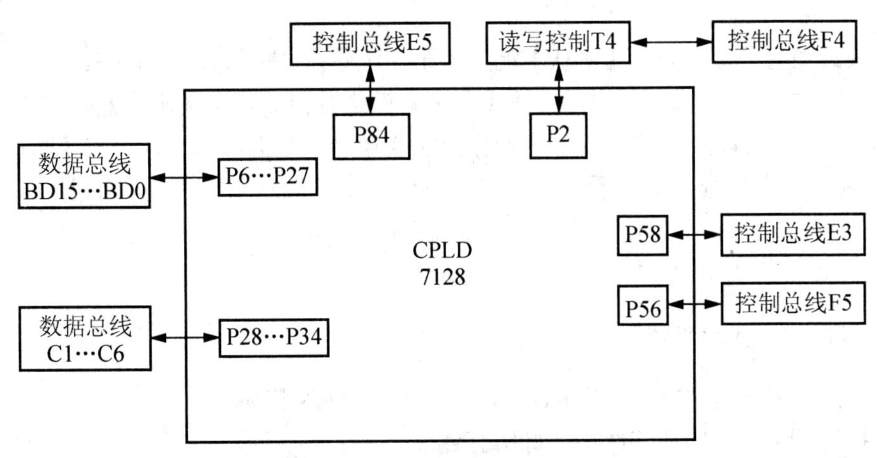

图 14-1 键盘方式连线

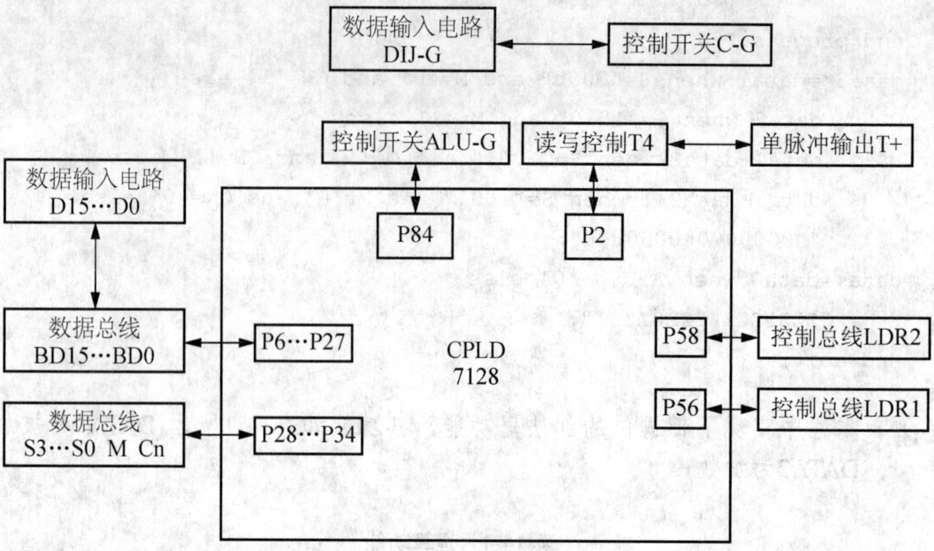

图 14-2　开关方式连线

四、键盘控制方式实验步骤

(1) 通过底板上的 JTAG 口将 reconst.pof 下载至 7128 模块上。

(2) 按照键盘方式连线图接好所有连线。

(3) 在监控指示灯显示【CLASS SELECT】时按【实验选择】键，输入 01 或 1，按【确认】键确认后，进入实验一程序，显示【ES01】，按下【确认】键，显示【INST_ _】，等待输入运算指令(即 S3、S2、S1、S0，十六进制，关系见表 14-1)，在输入过程中，可按【取消】键进行输入修改。

(4) 输入运算指令 09 后，按【确认】键，进入运算模式(M)设置，显示【Lo=0】，工作模式默认为 0(算术操作)，不需要改变设置。按【确认】键进入进位(Cn)设置，显示【Cn=0】，输入数据 1，将设置改为【Cn=1】。按【确认】键进入 AR 设置，显示【AR=1】，不需要改变此设置。

(5) 模式设置完成后，按【确认】键进入第一组数据(数据 A)输入状态。数据输入格式为十六进制格式，在输入过程中，可按【取消】键进行修改，按【确认】键完成输入。这时进入第二组数据(数据 B)输入操作，操作方法与第一组数据输入一样，按【确认】键后，马上就可在数据总线显示灯上看运算结果，监控指示灯显示变成【FINISH】，按【确认】键又可重新开始实验，要退出实验，按【取消】键即可。

参照运算功能(见表 14-1)的设置逐一验证结果。

五、开关控制方式实验步骤

(1) 通过底板上的 JTAG 口将 reconst.pof 下载至 7128 模块上。

(2) 按照开关控制方式连线图接好所有连线。

(3) 关闭 ALU 的三态门(ALU-G=1)，打开数据输入电路的三态门(C-G=0)；

(4) 设置数据输入电路的数据开关 D15～D0 为想要输入的数值，如“0101010101010101”；

使数据暂存器 LT1 的控制信号 LDR1 有效(LDR1=1)，数据暂存器 LT2 的控制信号 LDR2 无效(LDR2=0)；按【单脉冲】键，将输入值送给 LT1。

(5) 设置数据输入电路的数据开关 D15～D0 为想要输入的数值，如“0100010001000100”；使数据暂存器 LT2 的控制信号 LDR2 有效(LDR2=1)，数据暂存器 LT1 的控制信号 LDR1 无效(LDR1=0)；按【单脉冲】键，将输入值送给 LT2。

(6) 关闭数据输入电路的三态门(C-G=1)，打开 ALU 的三态门(ALU-G=0)；根据运算功能表设置“S3S2S1S0MCn”，数据总线显示灯显示出运算结果。

六、实验提示

在实验六中也可采用此重构的加法器。此外，用 CPLD 也可对移位寄存器电路、寄存器堆电路、程序计数器电路、地址寄存器电路、指令寄存器电路、指令译码器电路等进行重构。学生可自行设计重构方案。

实验十五　SHICE—2 实验系统的运算器组成实验
(运算器组成课程设计案例)

一、实验目的

(1) 掌握运算器的组成及工作原理；

(2) 了解 4 位函数发生器 74LS181 的组合功能，熟悉运算器执行算术操作和逻辑操作的具体实现过程；

(3) 验证带进位控制的 74LS181 的功能。

二、预习要求

(1) 复习本次实验所用的各种数字集成电路的性能及工作原理；

(2) 先预习附录 B，预习实验步骤，了解实验中要求的注意点。

三、实验设备

SHICE-2 型计算机组成原理实验系统一套，排线若干。

四、实验原理

运算器实验是在 ALUUNIT 单元电路上进行，控制信号、数据、时序信号由实验仪器的逻辑开关电路和时序发生器提供。SW7～SW0 八个逻辑开关用于产生数据，并发送到总线上。DR1、DR2 为运算暂存器，LDDR1、LDDR2 为运算暂存器的输入控制信号，将总线上的数据输入到暂存器 DR1、DR2：通过对 S3、S2、S1、S0、M、$\overline{Cn}$ 的选择，可实现对 ALU 算术操作和逻辑操作。在 $\overline{ALU}$→BUS 控制信号作用下将运算结果送到总线 BUS 上。实验时，实验电路连线已连好，只需根据表 15-1 所示的步骤进行实验。

表 15-1　运算器实验步骤与显示结果

S3S2S1S0	M	$\overline{Cn}$	LDDR1	LDDR2	$\overline{ALU}$→BUS	SW→BUS	SW7～SW0	D7～D0	P0	注释
××××	×	×	0	0	1	0	55H	55H		
××××	×	×	0	0	1	0	AAH	AAH		
××××	×	×	1	0	1	0	55H	55H	↑	向 DR1 送数
××××	×	×	0	1	1	0	AAH	AAH	↑	向 DR2 送数
1 1 1 1	1	×	0	0	0	1	××H	55H		读出 DR 数
0 0 0 0	1	×	0	0	0	1	××H	AAH		读出 DR 数
××××	×	×	1	0	1	0	AAH	AAH	↑	向 DR1 数
××××	×	×	0	1	1	0	55H	55H	↑	向 DR2 数
0 0 0 0	0	1	0	0	0	1	××H	AAH		算术运算

续表

S3S2S1S0	M	$\overline{Cn}$	LDDR1	LDDR2	$\overline{ALU}$→BUS	SW→BUS	SW7～SW0	D7～D0	P0	注释
0 0 0 0	0	0	0	0	0	1	××H	ABH		算术运算
0 0 0 0	1	×	0	0	0	1	××H	55H		逻辑运算
0 0 0 1	0	1	0	0	0	1	××H	FFH		算术运算
0 0 0 1	0	0	0	0	0	1	××H	00H		算术运算
0 0 0 1	1	×	0	0	0	1	××H	00H		逻辑运算
0 0 1 0	0	1	0	0	0	1	××H	AAH		算术运算
0 0 1 0	0	0	0	0	0	1	××H	ABH		算术运算
0 0 0 0	1	×	0	0	0	1	××H	55H		逻辑运算
0 0 1 1	0	1	0	0	0	1	××H	FFH		算术运算
0 0 1 1	0	0	0	0	0	1	××H	00H		算术运算
0 0 1 1	1	×	0	0	0	1	××H	00H		逻辑运算

本次实验中 S3、S2、S1、S0、M、$\overline{Cn}$、LDDRl、LDDR2、ALU→BUS、SW→BUS，这些控制信号与对应逻辑开关都已接好，由逻辑开关模拟这些控制信号。LDDR1、LDDR2 由 T4 信号进行定时。当 T4 信号上升沿到来时 LDDR1、LDDR2 才起作用。

五、实验步骤

实验前把 TJ、DP 对应的逻辑开关置成“11”状态(高电平输出)，并预置下列逻辑电路状态：$\overline{ALU}$→BUS=1，$\overline{C}$→BUS=1，R0→BUS=1：R1→BUS=1，R2→BUS=1 时序发生器处于单拍输出状态，实验是在单步状态下进行 DRl、DR2 数据的写入及运算，以便能清楚地看见每一步的运算过程。

六、电路组成

运算器组成实验电路如图 15-1 所示。

实验步骤按表 15-1 中所示的进行。实验时，对表中的逻辑开关进行操作置 1 或 0，在对 DR1、DR2 存数时，按单次脉冲键 P0(产生单拍 T4 信号)。表 15-1 中带×的为随机状态，无论是高电平还是低电平，它都不影响运算器的运算操作。总线 D7～D0 上接电平指示灯，显示参与运算的数据结果。

表 15-1 中列出了运算器实验任务的部分步骤，只列出了 16 种算术操作和 16 种逻辑操作前面 4 种，其实验步骤同表 15-1 相同。带 1 的地方表示按一次单次脉冲 P0，无↑的地方则不需要按【单脉冲】P0。

注意 运算器实验时，把与T4信号相关而本实验不用的LDR0、LDR1、LDR2接低电平，否则影响实验结果。

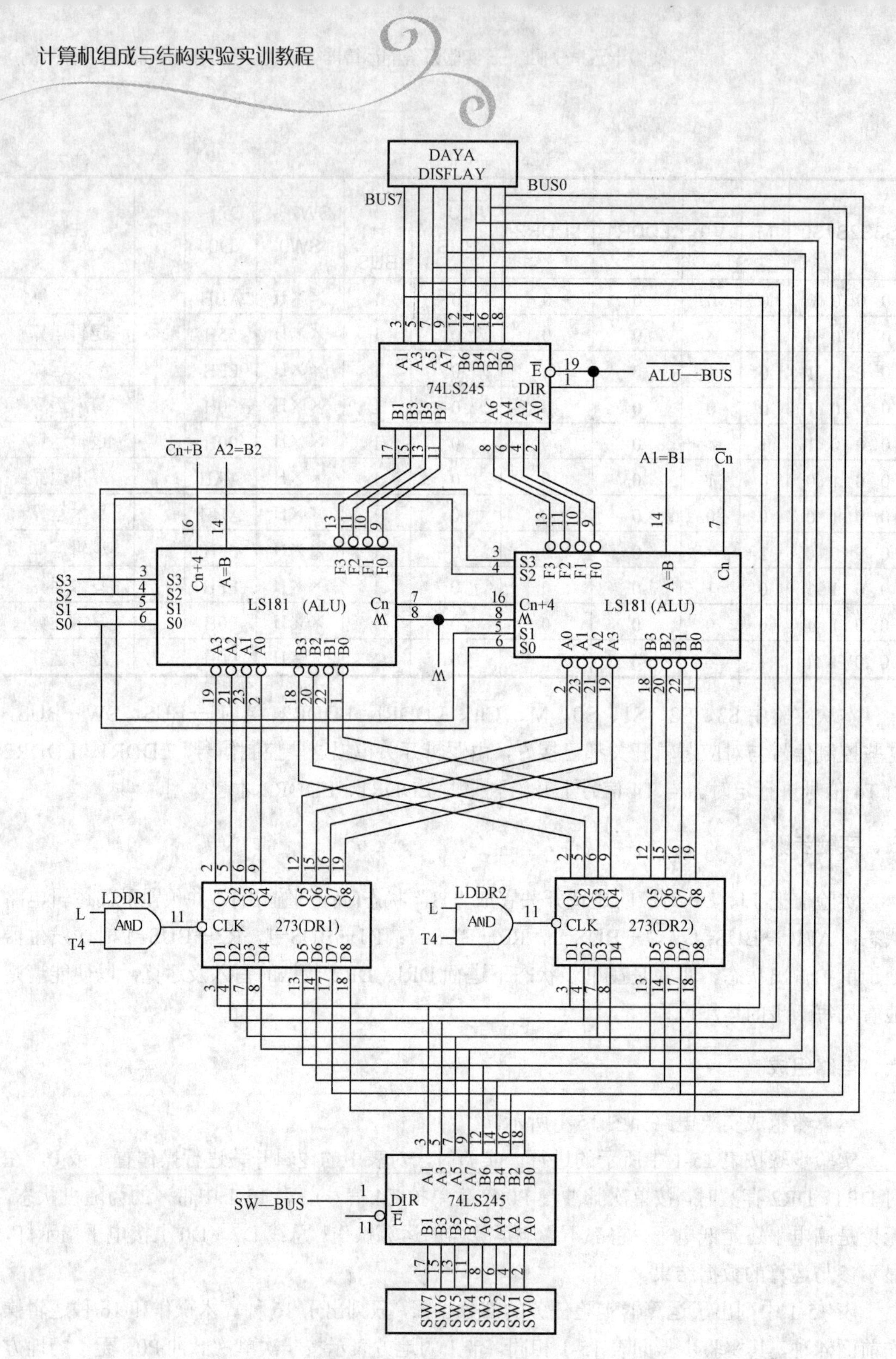

图 15-1　运算器组成实验电路

七、实验报告要求

(1) 实验记录：所有的运算结果、故障现象及排除经过；

(2) 通过本次实验得到的收获及想法。

实验十六　SHICE—2 实验系统的存储器实验
(存储器课程设计案例)

一、实验目的

(1) 掌握存储器的组成及工作原理；

(2) 了解 RAM(6116)、AR(74LS273)组合功能，熟悉存储器器执行的过程；

(3) 验证 RAM(6116)、AR(74LS273)的功能。

二、预习要求

(1) 复习本次实验所用的各种数字集成电路的性能及工作原理；

(2) 预习实验步骤，了解实验中要求的注意点。

三、实验设备

SHICE—2 型计算机组成原理实验系统一套，排线若干。

四、实验原理

存储器实验电路由 RAM(6116)、AR(74LS273)等组成。SW7～SW0 为逻辑开关量，以产生地址和数据：寄存器 AR 输出 A7～A0 提供存储器地址，通过显示灯可以显示地址，D7～D0 为总线，通过显示灯可以显示数据。

当 LDAR 为高电平、SW→BUS 为低电平，T3 信号上升沿到来时，开关 SW7～SW0 产生的地址信号送入地址寄存器 AR。当 CE 为低电平、WE 为高电平 SW→BUS 为低电平，T3 上升沿到来时，开关 SW7～SW0 产生的数据写入存储器的存储单元内。当 CE 为低电平、WE 为低电平、SW→BUS 为高电平、T3 上升沿到来时，存储器为读出数据，D7～D0 显示读出数据。

实验中，除 T3 信号外，CE、WE、LDAR、SW→BUS 为电位控制信号，因此通过对应逻辑开关来模拟控制信号的电平，而 LDAR、WE 控制信号受时序信号 T3 定时。

五、实验步骤

实验前将 TJ、DP 对应的逻辑开关置成 11 状态(高电平输出)，使时序发生器处于单拍输出状态，每按一次 P0 输出一拍时序信号，实验处于单步状态，并置 ALU→DUS=1。

实验步骤按表 16-1 进行。实验对表 16-1 中的开关进行置 1 或 0，即对有关控制信号置 1 或 0。表 16-1 中只列出了存储器实验步骤中的一部分，即对几个存储器单元进行了读写，其他单元的步骤同表格相同。表 16-1 中带 1 的地方表示按一次单次脉冲 P0。

表 16-1　存储器实验步骤显示结果表

SW→BU	LDAR	CE	WE	SW7～SW0	D7～D0	P0	A7～A0	注释
0	1	1	1	00H	00H	↑	00H	地址 00 写入 AR
0	0	0	1	00H	00H	↑	00H	数据 00 写入 RAM
0	1	1	1	10H	10H	↑	10H	地址 01 写入 AR
0	0	0	1	10H	10H	↑	10H	数据 10 写入 RAM
0	1	1	1	00H	00H	↑	00H	地址 00 写入 AR
1	0	0	0	00H	00H	↑	00H	读 RAM
0	1	1	1	10H	10H	↑	10H	地址 10 写入 AR
1	0	0	0	10H	10H	↑	10H	读 RAM
0	1	1	1	40H	40H	↑	4OH	地址 40 写入 AR
0	0	0	1	FFH	FFH	↑	40H	数据 FF 写入 RAM
0	1	1	1	42H	42H	↑	42H	地址 42 写入 AR
0	0	0	1	55H	55H	↑	42H	数据 55 写入 RAM
0	1	1	1	44H	44H	↑	44H	地址 44 写入 AR
0	0	0	1	AAH	AAH	↑	44H	数据 AA 写入 RAM
0	1	1	1	40H	40H	↑	40H	地址 40 写入 AR
1	0	0	0	40H	FFH	↑	40H	读 RAM 内容
0	1	1	1	42H	42H	↑	42H	地址 42 写入 AR
1	0	0	0	42H	55H	↑	42H	读 RAM 内容
0	1	1	1	44H	44H	↑	44H	地址 44 写入 AR
1	0	0	0	44H	AAH	↑	44H	读 RAM 内容

注意　表16-1中列出的总线显示D7～D0及地址显示A7～A0，显示情况是在写入RAM地址时，由SW7～SW0开关量地址送至D7～D0，总线显示SW7～SW0开关量，而A7～A0则显示上一个地址，在按P0后，地址才进入RAM，即在单次脉冲(T3)作用后，A7～A0同D7～D0才显示一样。

六、电路组成

存储器组成电路如图 16-1 所示。

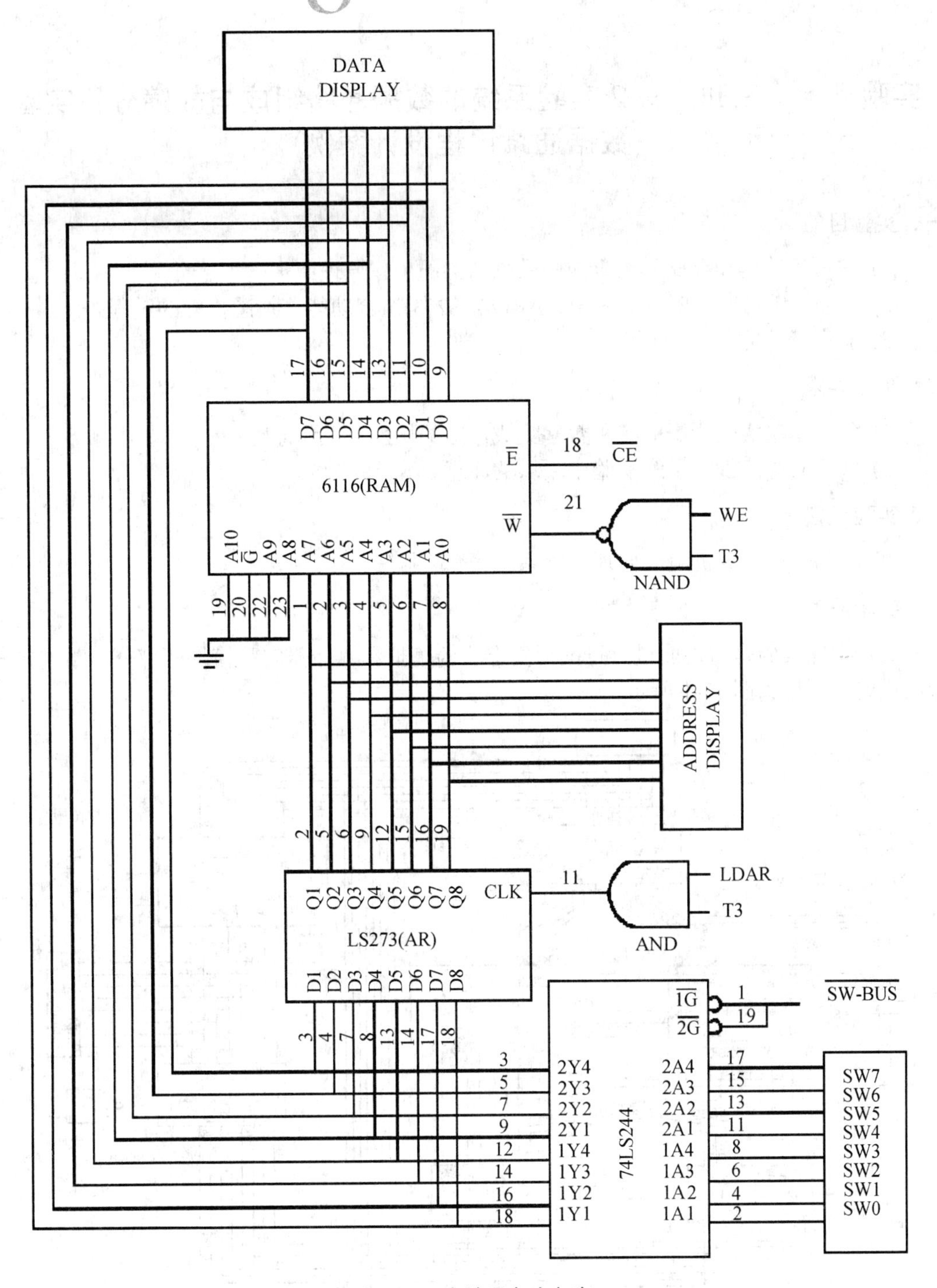

图 16-1　存储器实验电路

七、实验报告要求

(1) 实验记录：所有的运算结果、故障现象及排除经过；

(2) 通过本次实验得到的收获及想法。

实验十七　SHICE—2 实验系统的数据通路组成与故障分析实验 (数据通路课程设计案例)

一、实验目的

(1) 掌握运算器和存储器组合成的数据通路的工作原理；

(2) 了解 74LS181、RAM(6116)、AR(74LS273)组合功能，熟悉执行的过程；

(3) 验证其功能。

二、预习要求

(1) 复习本次实验所用的各种数字集成电路的性能及工作原理；

(2) 预习实验步骤，了解实验中要求的注意点。

三、实验设备

SHICE—2 型计算机组成原理实验系统一套，排线若干。

四、实验原理

数据通路实验是将前面进行过的运算器实验模拟和存储器实验模块两部分电路连在一起组成的。原理如图 17-1 所示。

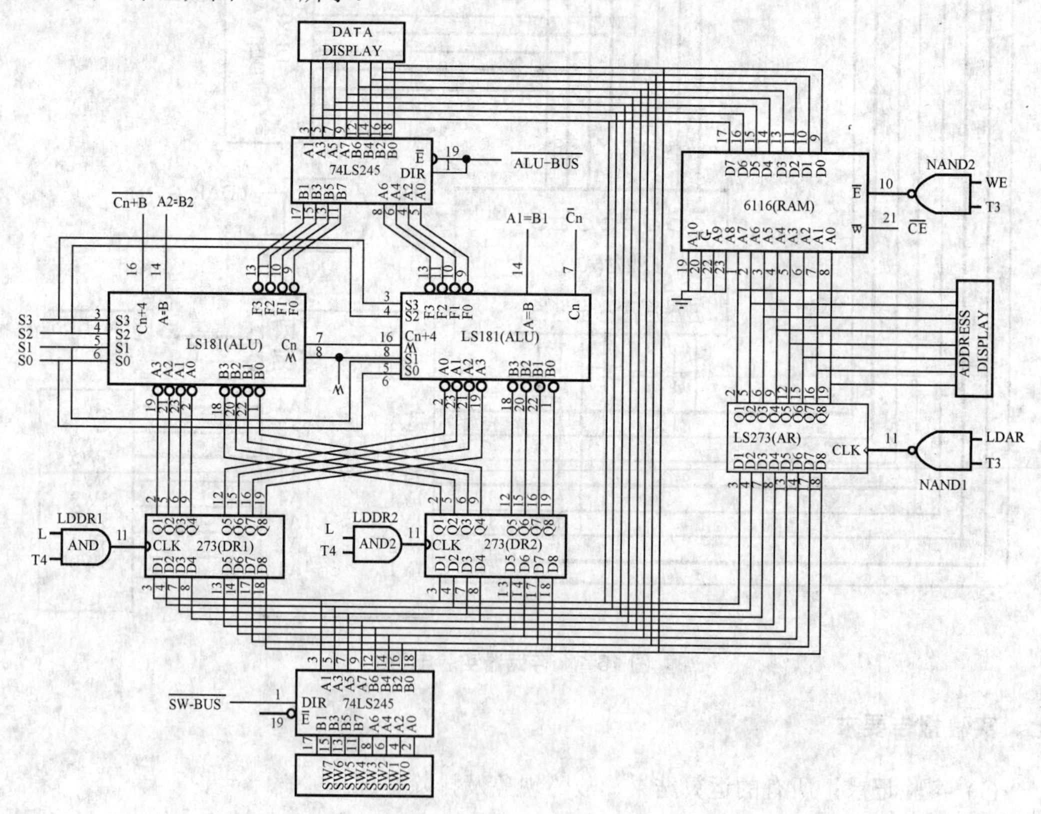

图 17-1　数据通道组成

实验中，除 T4、T3 信号外，所有控制信号为电位控制信号，这些信号由逻辑开关来模拟，其信号的含义与前两个实验相同，按图 17-1 进行实验。

五、实验步骤

实验前将 TJ、DP 对应的逻辑开关置或 11 状态，使时序发生器处于单拍状态，按一次 P 时序信号输出一拍信号，使实验为单步执行。实验步骤如表 17-1 所示。

表 17-1　数据通路组成实验

SW→BUS	ALU→BUS	CE	WE	LDAR	LDDRl	LDDR2	S3 S2 S1 S0	M	Cn	SW7～SW0	A7～A0	D0～D7	单次按钮P	注释
0	1	1	1	0	1	0	××××	×	1	44H	××××	44H	↑	44H 存入 DRl
0	1	1	×	0	0	1	××××	×	1	AAH	××××	AAH	↑	AAH 存入 DR2
1	0	1	×	0	0	0	1110	1	1	××H	××××	EEH		DRlDR2=EE
1	0	1	×	0	0	1	1110	1	1	××H	××××	EEH	↑	EE 存入 DR2
1	0	1	×	0	0	0	0110	1	1	××H	××××	AAH		DR1 与 DR2=AA
1	0	1	×	0	1	0	0110	1	1	××H	××××	AAM		AA 存 DRl
0	1	1	×	1	0	0	××××	×	1	AAM	AAM	AAM	↑	地址 AA 存 AR
1	0	0	1	0	0	0	1010	1	1	××H	AAH	EEH	↑	DR2 内容存 RAM
0	1	1	1	1	0	0	××××	×	1	ABH	ABH	ABH	↑	地址 AB 存入 AR
1	0	0	1	0	0	0	0110	1	1	××H	ABH	AAH	↑	DRl 内容存入 AM
0	1	1	1	1	0	0	××××	×	1	AAH	AAH	AAH	↑	地址 AA 存入 AR
1	1	0	0	0	1	0	××××	×	1	××H	AAH	EEH	↑	读 RAM 内容 DRl
0	1	1	1	1	0	0	××××	×	1	ABH	ABH	ABH	↑	地址 A8 存入 AR
1	1	0	0	0	0	1	××××	×	1	××H	ABH	AAH	↑	读 RAM 内容 DR2
0	1	1	1	1	0	0	××××	×	1	ACH	ABH	ACH	↑	地址 AC 存入 AR

续表

SW→BUS	ALU→BUS	CE	WE	LDAR	LDDR1	LDDR2	S3 S2 S1 S0	M	Cn	SW7～SW0	A7～A0	D0～D7	单次按钮P	注释
0	1	0	1	0	0	0	××××	×	1	FFH	ACH	FFH	↑	数据 FF 存入 RAM
0	1	1	1	1	0	0	××××	×	1	ADH	ADH	ADH	↑	地址 AD 存入 AR
0	0	0	1	0	0	0	××××	×	1	0OH	ADH	0OH	↑	数据 00 存入 RAM

表 17-1 中列出了数据通路组成实验的一部分实验步骤，其他部分同表中的实验步骤相同，只是实验的数据及存储单元不同。表中带×的内容是随机状态，它的电平不影响实验结果。表中带↑的地方表示按单次脉冲 P，无↑的地方不要按单次脉冲 P。

注意 A7～A0所接的地址显示灯显示情况是在按单次脉冲P后，A7～A0的显示才与表中相同，否则显示的是上一个地址。

六、实验报告要求

(1) 实验记录：所有的运算结果、故障现象及排除经过；

(2) 通过本次实验得到的收获及想法。

实验十八　SHICE—2 实验系统的微程序控制器实验
(微程序控制器课程设计案例)

一、实验目的

(1) 掌握微程序控制器的工作原理；

(2) 了解微地址指令的形成与执行过程；

(3) 验证微程序控制器的功能。

二、预习要求

(1) 复习本次实验所用的各种数字集成电路的性能及工作原理；

(2) 预习实验步骤，了解实验中要求的注意点。

三、实验设备

SHICE—2 型计算机组成原理实验系统一套，排线若干。

四、实验原理

微程序控制器电路如图 18-1 所示。UA4～UA0 为微地址寄存器。控制存储器由 3 片2764组成，从而微指令长度为24位。微命令寄存器为20位，由2片 8D触发器74LS273和 1 片 4D 触发器 74LS175 组成。微地址寄存器 5 位，由 3 片正沿触发的双 D 触发器 74LS74 组成，它们带有清零端和预置端。在不需要判别测试的情况下，T2 时刻打入的微地址寄存器内容为下一条微指令地址。在需要判别测试的情况下，T2 时刻给出判别信号 P1=1 及下一条微指令地址“01000”。在 T4 上升沿到来时，根据 P1 和 IR7、IR6、IR5 的状态条件对微地址“01000”进行修改，然而按修改的微地址读出下一条微指令，并在下一个 T2 时刻将读出的微指令打入到微命令寄存器和微地址寄存器。CLR(即 P2) 为清零信号。当 CLR 为低电平时，微指令寄存器清零，微命令信号均无效。微指令格式如表 18-1 所示。

一条指令由若干条微指令组成，而每一条微指令由若干个微命令及下一微地址信号组成。不同的微指令由不同的微命令和下一条微指令地址组成。一条指令由若干条微指令组成，而每一条微指令由若干个微命令及下一微地址信号组成。不同的微指令由不同的微命令和下一微指令地址组成。它们存放在控制存储器 2764 中，因此，用不同的微指令地址可读出不同的微命令，输出不同的控制信号。其微指令格式及功能如表 18-1 所示。

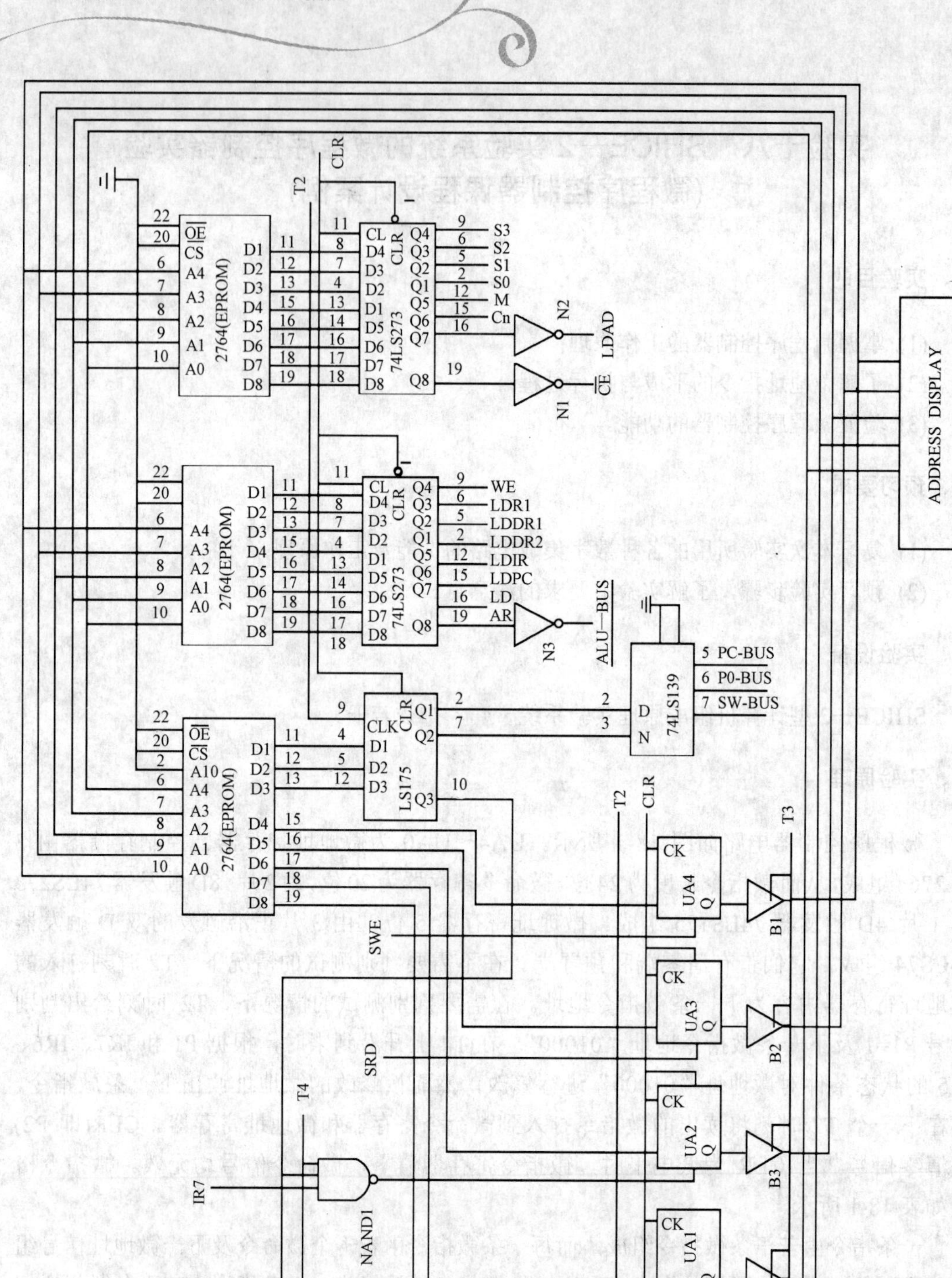

图 18-1 微程序控制器电路

表 18-1 微指令格式及功能

23	22	21	20	19	18	17	16	15	14	13	12	11
S3	S2	S1	S0	M	Cn	LOad	CE	WE	LDR0	LODRl	LDDR2	LDIR
选择运算器运算模式						打入 PC	RA M 片	RA M 写	打入 R0	打入 DRl	打入 DR2	打入 IR

10	9	8	7		6	5	4	3	2	1	0
LDPC	LDAR	ALU→ BUS	PC→ BUS	R0→ BUS	SW→ BUS	P1	UA4	UA3	UA2	UA1	UA0
PC+1	打入 AR	运算器结果送总线	PC 内容送总线	RO 内容送总线	开关内容送总线	判别字	下一条微指令地址				

从微程序流程图看(见图 18-2)，微程序控制器在清零后，总是先给出微地址为“00000”的微指令(启动程序)。读出微地址为“00000”的微指令时，便给出下一条微指令地址“00001”。微指令地址“00001”及“00010”的两条微指令是公用微指令。微指令地址“00001”的微指令执行的是 PC 的内容送地址寄存器 AR 及 PC 加 1 微命令。同时给出下一条微指令地址“00010”。微指令地址为“00010”的微指令在 T2 时序信号时，执行的是把 RAM 的指令送到指令寄存器，同时给出判别信号 P1 及下一条微指令地址“01000”，T4 时序信号时，根据 P1、IR7、IR6、IR5，修改微地址 01000，产生下一条微指令地址，不同的指令(IR7、IR6、IR5)产生不同的下一条微指令地址。在 IR7、IR6、IR5 为“000”(即无，指令输入时)，仍执行“01000”的微指令。从而可对 RAM 进行连续读操作。

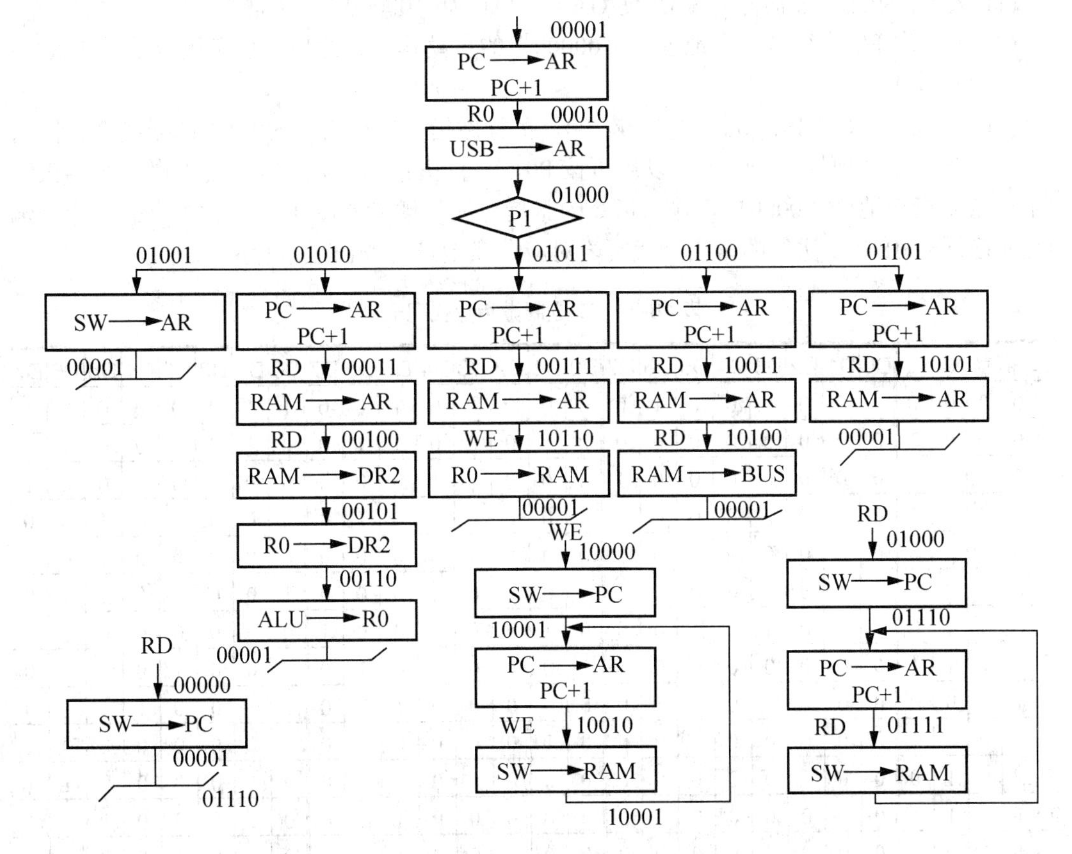

图 18-2 微指令流程

当执行完一条指令的全部微指令，即一个微程序的最后一条微指令时，均给出下一条微指令地址“00001”，接着执行微指令地址“00001”、“00010”的公共微指令，读下一条指令的内容，再由微程序控制器判别产生下一条微指令地址，以后的下一条微指令地址全部由微指令给出，直到执行完一条指令的若干条微指令，给出下一条微指令地址“00001”。

实验时，先把 J1 插座的短路块向右短接，然后用开关 AN25、AN26、AN27 模拟指令的代码(即 1R7、IR6、IR5)，不断改变 AN25、AN26、AN27 的状态，模拟不同的指令，从而读出不同的微指令。微命令输出端状态由各对应的指示灯显示。实验采用单步的方式，将启动程序 5 条指令、强迫 RAM 读、强迫 RAM 写的微指令逐条读出。可用电平指示灯显示每条微指令的微命令。从微地址 UA4～UA0 和判别标志上可以观察到微程序的纵向变化。

五、实验步骤

1. 观察时序信号

置 TJ、DP=00，按单次脉冲按钮 P0，使时序信号输出连续波形。

2. 观察微程序控制器工作原理

置 TJ、DP=11，微程序控制器处于单步状态，按一次【单步】键产生一拍时序信号 T1、T2、T3、T4。将 UP 置 0 使微程序控制器输出微地址。置 SWE、SRD=11，IR7=0，IR6=0，IR5=0，表示无指令输入。实验步骤如下。

(1) 按一次 P2(CLR 清零开关)，使 UA4～UA0 为“00000”。

(2) 按一次 P0 执行微指令地址为“00000”的启动程序，给出一条微指令地址 UA4～UA0 为“00001”。

(3) 置 IR7、IR6、IR5=001，按一次 P0，执行微指令地址为“00001”的微指令，同时给出下一条微指令地址“00010”，以后再按 P0，一直执行到一条指令的全部微指令结束给出下一条微指令地址“00001”，输入指令的微指令流程请参阅图 18-2，微指令的微命令输出显示应同表 18-2 二进制的微指令代码表对应，微地址的输出显示也应相同。

表 18-2　二进制微指令代码表

当前微地址					D0	D1	D2	D3	D4	D5	D6	D7	D0	D1	D2	D3	D4	D5	D6	D7	D0	D1	D2	D3	D4	D5	D6	D7
0	0	0	0	0	0	0	0	0	0	0	1	0	0	0	0	0	0	1	0	0	1	1	0	0	0	0	0	1
0	0	0	0	1	0	0	0	0	0	0	0	0	0	0	0	0	0	1	1	0	0	1	0	0	0	0	1	0
0	0	0	1	0	0	0	0	0	0	0	0	1	0	0	0	0	1	0	0	0	0	0	1	0	1	0	0	0
0	0	0	1	1	0	0	0	0	0	0	0	1	0	0	0	0	0	0	1	0	0	0	0	0	0	1	0	0
0	0	1	0	0	0	0	0	0	0	0	0	1	0	0	0	1	0	0	0	0	0	0	0	0	0	1	0	1
0	0	1	0	1	0	0	0	0	0	0	0	0	0	0	1	0	0	0	0	0	1	0	0	0	0	1	1	0
0	0	1	1	0	1	0	0	1	0	1	0	0	0	1	0	0	0	0	0	1	0	0	0	0	0	0	0	1
0	0	1	1	1	0	0	0	0	0	0	0	1	0	0	0	0	0	0	1	0	0	0	0	1	0	1	1	0
0	1	0	0	0	0	0	0	0	0	0	1	0	0	0	0	0	0	1	0	0	1	1	0	0	1	1	1	0
0	1	0	0	1	0	0	0	0	0	0	0	0	0	1	0	0	0	0	0	0	1	1	0	0	0	0	0	1
0	1	0	1	0	0	0	0	0	0	0	0	0	0	0	0	0	0	1	1	0	0	1	0	0	0	0	1	1
0	1	0	1	1	0	0	0	0	0	0	0	0	0	0	0	0	0	1	1	0	0	1	0	0	0	1	1	1
0	1	1	0	0	0	0	0	0	0	0	0	0	0	0	0	0	0	1	1	0	0	1	0	1	0	0	1	1

续表

当前微地址					D0	D1	D2	D3	D4	D5	D6	D7	D0	D1	D2	D3	D4	D5	D6	D7	D0	D1	D2	D3	D4	D5	D6	D7
0	1	1	0	1	0	0	0	0	0	0	0	0	0	0	0	0	0	1	1	0	0	1	0	1	0	1	0	1
0	1	1	1	0	0	0	0	0	0	0	0	0	0	0	0	0	0	1	1	0	0	1	0	0	1	1	1	1
0	1	1	1	1	0	0	0	0	0	0	0	1	0	0	0	0	0	0	0	0	0	0	0	0	1	1	1	0
1	0	0	0	0	0	0	0	0	0	0	1	0	0	0	0	0	0	1	0	0	1	1	0	1	0	0	0	1
1	0	0	0	1	0	0	0	0	0	0	0	0	0	0	0	0	0	1	1	0	0	1	0	1	0	0	1	0
1	0	0	1	0	0	0	0	0	0	0	0	1	1	0	0	0	0	0	0	0	1	1	0	1	0	0	0	1
1	0	0	1	1	0	0	0	0	0	0	0	1	0	0	0	0	0	0	1	0	0	0	0	1	0	1	0	0
1	0	1	0	0	0	0	0	0	0	0	0	1	0	0	0	0	0	0	0	0	0	0	0	0	0	0	0	1
1	0	1	0	1	0	0	0	0	0	0	1	1	0	0	0	0	0	1	0	0	0	0	0	0	0	0	0	1
1	0	1	1	0	0	0	0	0	0	0	0	1	1	0	0	0	0	0	0	0	1	0	0	0	0	0	0	1

(4) 在执行至微地址 UA4～UA0 显示“00001”时，置 IR7、IR6、IR5=010 为加法指令的若干条微指令，直至执行到微地址 UA4～UA0 显示“00001”结束。

(5) 重复(4)执行 IR7、IR6、IR5 为 011(存储器存数指令)的指令。

(6) 重复(4)执行为输出 IR7、IR6、IR5 为 100(输出指令)的指令。

(7) 重复(4)执行 IR7、IR6、IR5 为 101(无条件转移指令)的指令。

(8) 在执行到微地址 UA4～UA0 显示“00001”时，或在开机时，按清零键 P2 使 UA4～UA0 显示“00000”，置 IR7=0、IR6=0、IR5=0、SWE=1、SRD=1，把 SWE 开关从“1”→“0”→“1”，使微地址 UA4～UA0 显示“10000”，强迫处于 RAM 写，执行微指令地址为“10000”、“10001”、“10010”的 3 条微指令、电平指示灯显示微指令的微命令及微地址。执行时为循环重复执行微指令，以便不断对 RAM 写入数据，直到有 CLR 清零信号作用时才停止。

(9) 按清零键 P2，使 UA4～UA0 显示“00000”，置 IR7、IR6、IR5=000，SWE=1，SRD=1，把 SRD 开关从“1”→“0”→“1”，使微地址 UA4～UA0 显示“01000”，强迫机器处于 RAM 读，执行微指令地址为“01000”、“01110”、“01111”的 3 条微指令、电平指示灯显示微指令的微命令及微地址。执行时为循环重复执行微指令，不断读 RAM 内容。

3. 连续方式读出微指令

将时序发生器处于连续输出时序信号状态，就可连续读出微指令。将 TJ、DP 置 00，按 P0 时序发生器连续输出时序信号。此时，微程序控制器按某一序列的微指令地址固定重复地读出微指令序列。

实验十九　SHICE—2 实验系统的 CPU 组成与指令周期实验 (CPU 组成课程设计案例)

一、实验目的

(1) 掌握 CPU 的指令周期与工作原理；
(2) 验证其的功能。

二、预习要求

(1) 复习本次实验所用的各种数字集成电路的性能及工作原理；
(2) 预习实验步骤，了解实验中要求的注意点。

三、实验设备

SHICE—2 型计算机组成原理实验系统一套，排线若干。

四、实验原理

CPU 组成与指令周期实验是最复杂的一个整机实验，是将微程序控制器模拟、运算器模块、存储器模块组合在一起，从而联成一台简单的计算机。

在前面几个实验中，控制信号是由实验者用逻辑开关来模拟，以完成对数据通路的控制。而在这次实验中数据通路的控制信号全部由微程序控制器自动完成。

CPU 从内存取出一条机器指令到执行指令的一个周期，是由微指令组成的序列来完成的，取一条机器指令对应一个微程序。将 5 条机器指令及有关数据写入 RAM 中，通过 CPU 运行 5 条机器指令组成的简单程序，掌握机器指令与微指令的关系。

实验时，通过逻辑开关 AN30 将 SWE 从“1”→“0”→“1”，使微程序控制器的微指令地址为“10000”，强迫机器处于 RAM 写，重复执行微指令地址为“10000”、“10001”、“10100”微指令，把所写的程序写入 RAM。再通过逻辑开关 AN31 将 SRD 从“1”→“0”→“1”，使微程序控制器的指令地址为“01000”，强迫机器处于 RAM 读，执行微指令地址为“01000”，“01110”，“01111”的微指令。读出所写的程序，以校对写入的程序和数据是否正确，然后再运行程序。

1. 指令系统

(1) IN A，DATA。指令码 20，A 指 R0，DATA 指 SW7～SW0。将 SW7～SW0 上的数据输入到 R0 寄存器，是输入指令。

(2) ADD A，(add)。指令码 40 add，A 指 R0，add 为存储器地址。将 R0 寄存器的内容与内存中以 add 为地址单元内数相加，结果送 R0，是加法指令。

(3) STA(add)，A。指令码 60 add，A 指 R0，add 为存储器地址。将 R0 寄存器的内容存到以 add 为地址的内存单元中。

(4) OUT BUS，(add)。指令码 80(add)，BUS 为数据总线，add 为存储器地址。将内存中以 add 为地址的数据读到总线上。

(5) 指令码 A0 add。add 指存储器地址。程序无条件地转移到 add 所指定的内存单元地址。

(6) WE 存储器写命令。

(7) RD 存储器读命令。

2. 存储器写操作

1) 所写程序

IN R0，DATA	(输入指令)
ADD R0，(add)	(加法指令)
STA(add)，R0	(存储器存数指令)
OUT,BUS，(add)	(输出指令)
JMP add	(无条件转换指令)

2) 起始地址从 00 开始

指令及功能如表 19-1 所示。

表 19-1 指令及功能

地址	指令码	注释
00	20	
01	40 add	add←09
03	69 add	add←0B
05	80 add	add←0A
07	A0 add	add←00
09	55	
0A	AA	

3) 操作过程

AN26、AN23、AN24、AN30、AN31 设置为“01111”，即 UP=0。DP、TJ=11 为单步状态，SWE=1、SRD=1。SW7～SW0 设置“00000000”。

按清零键 P2，AN30 从“1”→“0”→“1”即可，这时，UA4～UA0 显示为“10000”，然后按表 19-2 中所示进行存储操作。

表 19-2 存储器写操作过程及显示结果

P0	SW7～SW0	A7～A0	D7～D0	UA4～UA0	PC7～PC0
	00H			10000	
↑			00H	10001	00H
↑	20H	00H	01H	]0010	01H
↑		00H	20H	10001	01H
↑	40H	01H	02H	10010	02H
↑		01H	40H	10001	02H
↑	09H	020	03H	10010	03H

续表

P0	SW7～SW0	A7～A0	D7～D0	UA4～UA0	PC7～PC0
↑		02H	09H	10001	03H
↑	60H	03H	04H	10010	04H
↑		03H	60U	10001	04H
↑	0BH	04H	05H	10010	05H
↑		04H	0BH	10001	05H
↑	80H	05H	06H	10010	06H
↑		05H	80H	10001	06H
↑	0AH	U6H	07H	10010	07H
↑		06H	0AH	10001	07H
↑	A0H	07H	08H	10010	08H
↑		07H	A0H	10001	08H
↑	00H	08H	09H	l0010	09H
↑		08H	00H	1000l	09H
↑	55H	09H	0AH	10010	0AH
↑		09H	55H	10001	0AH
↑	AAH	0AH	0BH	10010	0BH
↑		0AH	AAH	10001	0BH
↑		09H	55H	0l110	0AH
↑		0AH	0RH	01110	0BH
↑		0AU	AAH	01110	0BH
↑		0BH	0CH	01111	0CH
	SW7～SW0	A7～A0	D7～D0	UA4～UA0	PC7～PC0
	00H			01000	

存储器写是在单步状态下进行的。其控制信号全部由微程序控制器提供，因此只需操作 SW7～SW0(置数据)及按 P0(单步操作)。

以上为存储器写入全过程，起始地址是“00U”。如果从 30H 开始，只要在开始用 SWE 开关置 UA4 为 1，UA4～UA0 显示为“10000”，SW7～SW0 开关置 30H，写过程相同。不同之处在于显示地址为 30～3AH，总线显示为 30～3AH。

写过程结束后，按清零键 P2。

3. 存储器读操作

状态设置为“01111”，即 UP=0、DPTJ=11、SRD=1、SRD=1，为单步操作。SRD 从“1”→“0”→“1”即 U，此时，UA4～UA0 显示为“01000”。

存储器读操作是在单步状态下进行。同样只需按表 19-3 中所示的操作 SW0～SW7 及按 P0(单步操作)。

表 19-3　存储器读操作过程及显示结果

0	SW7～SW0	A7～A0	D7～D0	UA4～UA0	PC7～PC0
	00H			01000	
↑			00H	01110	00H

续表

0	SW7～SW0	A7～A0	D7～D0	UA4～UA0	PC7～PC0
↑		00H	0lH	01111	0]H
↑		00H	20H	01110	01H
↑		01H	02H	01111	02H
↑		01H	40H	01110	02H
↑		02H	03H	01111	03H
↑		02H	09H	01110	03H
↑		03H	04H	01111	04H
↑		03H	60H	01110	04H
↑		04H	05H	01111	05H
↑		04H	0BH	01110	05H
↑		05H	06H	01111	06H
↑		05H	80H	01110	06H
↑		06H	07H	01111	97H
↑		06H	0AH	01110	07H
↑		07H	08H	01111	08H
↑		07H	A0H	01110	08H
↑		08H	09H	01111	09H
↑		08H	00H	01110	09H
↑		09H	0AH	01111	0AH
↑		09H	55H	0l110	0AH
↑		0AH	0RH	01110	0BH
↑		0AU	AAH	01110	0BH
↑		0BH	0CH	01111	0CH
↑		0BH	××H	01110	0CH
↑		0CH	0DH	01111	0DH

在××处，程序未读出时是随机数，当执行后用读方法读出时，××处显示指 SW7～SW0+(09H)即“8A+55=DFH”。

如果程序写在 30H 单元内，只需在开始时将 SW7～SW0 开关置 30H，A7～A0 显示则从 30H 开始，其他不变。

五、执行过程

执行过程可以用单步或连续执行。当单步执行时，状态设置为“01111”，即 UP=0，DP、TJ=11，SWE=1，SRD=l，按清零键 P2。然后按表 19-4 中的所示的进行操作，操作只需对 SWO～SW7 及 P0 操作，此时 J1 插座短路块接向左方。

表 19-4　执行过程操作及显示结果

P0	SW7～SW0	A7～A0	D7～00	UA4～UA0	PC7～PC0
	00			00000	
↑			00H	00001	00H
↑		00H	01H	00010	0lH

续表

P0	SW7～SW0	A7～A0	D7～00	UA4～UA0	PC7～PC0
↑	DATA(8A)	00H	20H	01001	01H
↑		00H	8AH	00001	01H
↑		01H	02H	00010	02H
↑		01H	40H	01010	02H
↑		02H	03H	00011	03H
↑		09H	55H	00100	03H
↑		09H	55H	00l01	03H
↑		09H	8AH	00110	03H
↑		09H	DFH	00001	03H
↑		03H	04H	00010	04H
↑		03H	60H	01011	04H
↑		04H	05H	00111	05H
↑		0BH	××H	10110	05H
↑		0BH	DFH	00001	05H
↑		05H	06H	00010	06H
↑		05H.	80H	01100	06H
↑		06H	07H	10011	07H
↑		0AH	AAH	10100	07H
↑		0AH	AAH	00001	07H
↑		07H	08H	00010	08H
↑		07H	A0H	01101	08U
↑		08H	09H	10101	09H
↑		08H	00H	0000l	09H

六、运行情况

1) 先执行 IN R0，DATA 输入指令

将开关量 SA 送入 R0 寄存器。

2) 执行 ADD R0，(add)加法指令

将存储器地址 09 中的内容(55)同 R0 中的数据(8A)相加，结果为 DF 送 R0 寄存器。

3) 执行 STA　BUS，(add)指令

将 R0 中的内容 DFH 送以 add 为地址的内存，add 为 OB，DF 送 R0 寄存器 OB 中。

4) 执行 0UT BUS，(add)指令

将 add 为地址的内容送总线，add 为 OA 中存 AA，AA 送总线。

5) 执行 JMP add 指令

无条件转换到以 add 为地址的内存行中执行指令。转移到 00 地址。再执行 IN R0，DATA 输入指令。

七、实验报告要求

(1) 实验记录：所有的运算结果、故障现象及排除经过；

(2) 通过本次实验得到的收获及想法。

附录A　EL-JY-Ⅱ型计算机组成原理实验系统相关附录

第一部分　EL-JY-Ⅱ型计算机组成原理实验系统介绍

EL-JY-Ⅱ型计算机组成原理实验系统是为计算机组成原理课的教学实验而研制的，涵盖了目前流行教材的主要内容，能完成主要的基本部件实验和整机实验，可为大学本科、专科、成人高校以及各类中等专业学校学习“计算机组成原理”、“微机原理”和“计算机组成和结构”等课程提供基本的实验条件，同时也可供计算机其他课程的教学培训使用。

一、基本特点

(1) 本系统采用了新颖开放的电路结构。

① 在系统的总体构造形式上，采用“基板+ CPU 板”的形式，将系统的公共部分，如数据的输入、输出、显示单片机控制及与 PC 通信等电路放置在基板上，它兼容 8 位机和 16 位机，将微程序控制器、运算器、各种寄存器、译码器等电路放在 CPU 板上，而 CPU 板分为两种：8 位和 16 位，它们都与基板兼容，同一套系统通过更换不同的 CPU 板即可完成 8 位机或 16 位机的实验，用户可根据需要分别选用 8 位的 CPU 板来构成 8 位计算机实验系统或选用 16 位的 CPU 板来构成 16 位计算机实验系统；也可同时选用 8 位和 16 位的 CPU 板，这样就可用比一套略多的费用而拥有两套计算机实验系统，且使用时仅需更换 CPU 板，而不需做任何其他的变动或连接，使用十分方便。

② 本系统提供有面包板和 CPLD 实验板(可选)，学生能自己设计实验内容，达到开拓思维，提高创新和设计能力的目的。

(2) 本系统上安装有 63 个拨动开关、4 个按钮开关和 65 个发光二极管，既可在单片机的控制下进行编程和显示，完成实验，也可与 PC 联机使用，可在 PC 上进行编程、传送、装载程序、调试和运行等操作；还可以手动的方式完成全部的实验，并具备单步执行一条微指令、单步执行一条机器指令、连续运行程序、联机打印等功能，几种操作方式可按需要任意选择一种使用，切换方便。

(3) 控制器采用微程序方案，支持动态微程序设计，微程序指令的格式及定义均可由用户自行设计并装入由 EEPROM 构成的控存中。

(4) 在显示功能上，采用了红、黄、绿 3 种颜色的指示灯以及数码管多种形式的显示方法，使整个系统更加美观大方。

二、系统组成

本系统由两大部分组成。

1. 基板

本部分是 8 位机和 16 位机的公共部分，包括以下几个部分。

(1) 数据输入和输出电路；

(2) 显示及监控电路；

(3) 脉冲源及时序电路；

(4) 数据和地址总线；

(5) 8255 扩展实验电路；

(6) 单片机控制电路和键盘操作部分；

(7) 与 PC 通信的接口电路；

(8) 主存储器电路；

(9) 微代码输入及显示电路；

(10) 电源电路；

(11) CPLD 实验板(选件)；

(12) 自由实验区(面包板)。

2. CPU 板

本 CPU 板为 16 位机，其数据总线为 16 位，地址总线为 8 位，包括以下几个部分。

(1) 运算器电路；

(2) 微程序控制器电路；

(3) 寄存器堆电路；

(4) 程序计数器电路；

(5) 指令寄存器电路；

(6) 指令译码电路；

(7) 地址寄存器电路；

(8) 数据和控制总线电路。

其中，运算器电路中的累加器电路由 74LS181 及其外围电路组成，此外所有的其他电路都由 ALTERA 公司的 FPGA—EP1K10 实现。板上的 JTAG 口、芯片 EPC2LC20、跳线 J1～J6 用于配置 EP1K10。当跳线 J1～J6 均跳至 EPC2 OFF 时，可通过 JTAG 口直接配置 EP1K10，但断电后需重新配置。当跳线 J1～J6 均跳至 EPC2 ON 时，通过 EPC2LC20 来配置 EP1K10。系统出厂时，已将配置文件烧录进 EPC2LC20。由于 EPC2LC20 为非易失性器件，故每次上电时可自动配置 EP1K10，无须重新烧录。

三、16 位 CPU 板原理说明

1. 运算器电路

运算器电路包括累加器电路和移位寄存器电路。其中累加器电路由 4 片 74LS273 和 4 片 74LS181 组成，其原理如图 A-1 所示。

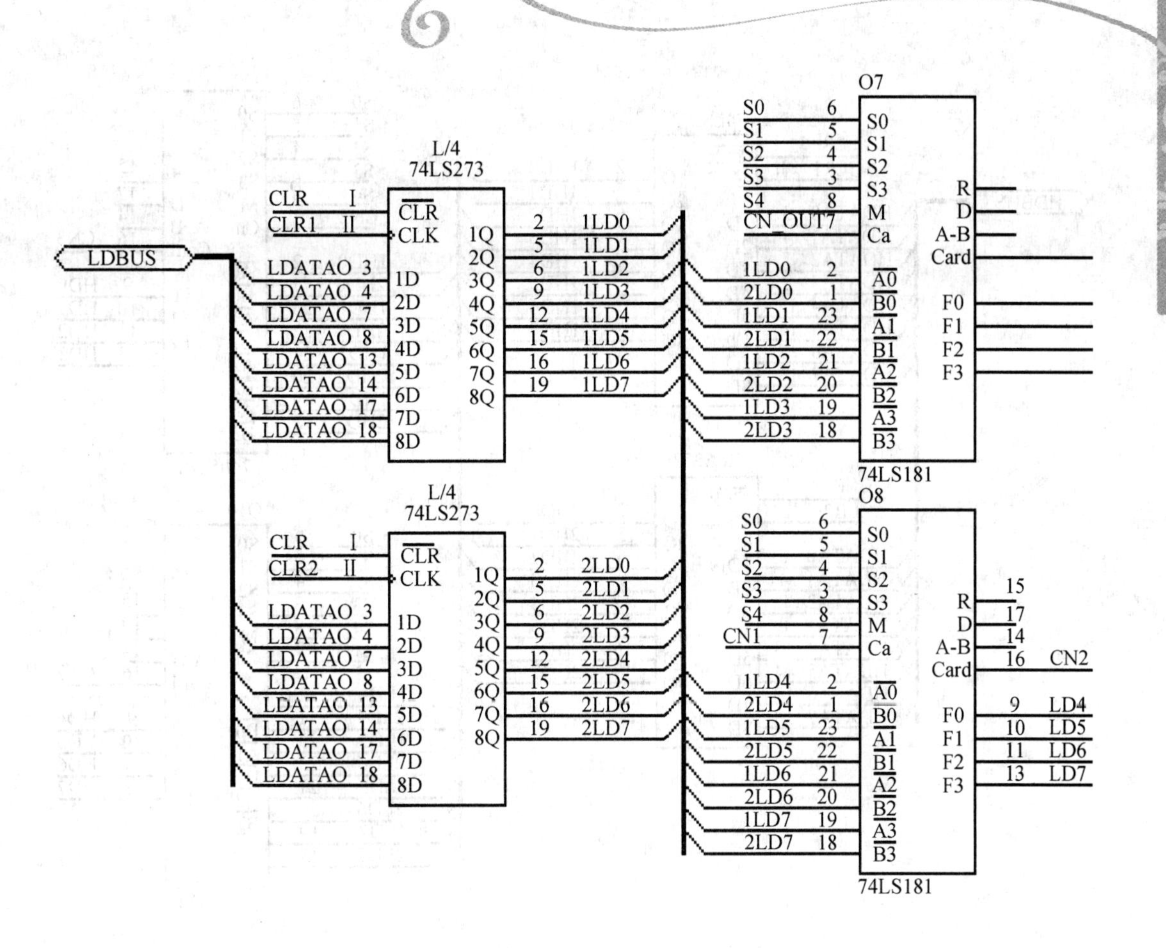

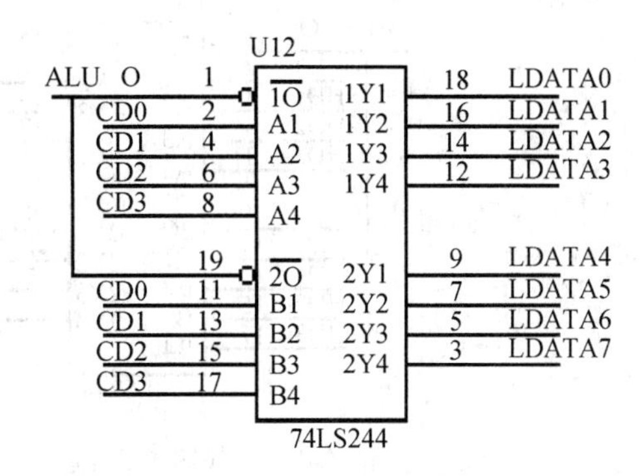

图 A-1　累加器电路

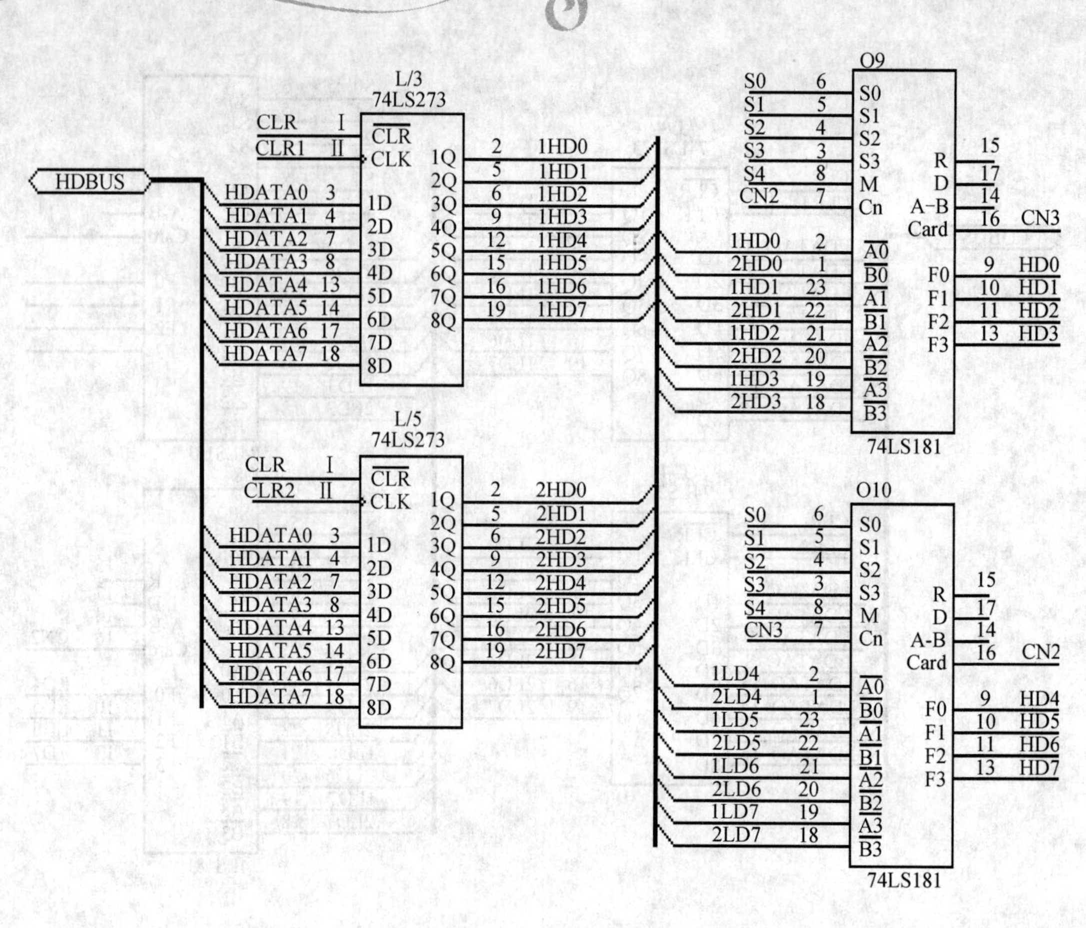

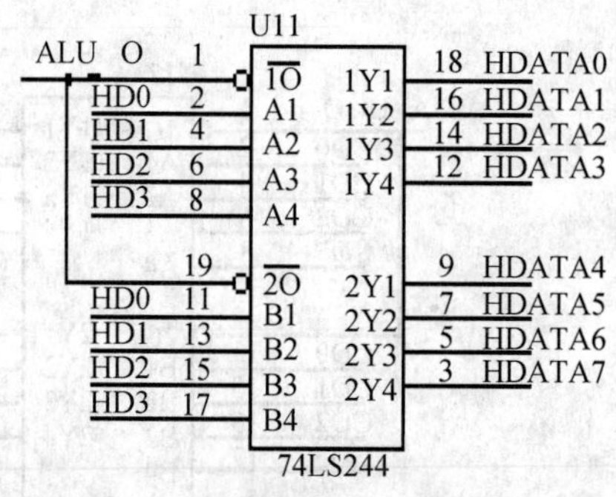

图 A-1 累加器电路(续)

其控制逻辑由 EP1K10 内部产生，其原理如图 A-2 所示。

累加器电路的外部接口有 LDR1、LDR2、ALU-G、AR、S3～S0、M、CN，其功能见实验一。CY 为进位单元，对应于 CY 指示灯。

移位寄存器由 EP1K10 实现，其框图和电路原理如图 A-3 所示。

T4 为移位时钟，M、S0、S1 为功能选择，G-299 为输出控制，低电平时将寄存器的值送上数据总线。CY 为进位单元，对应于 Z 指示灯。DATAL、DATAH 接至数据总线。

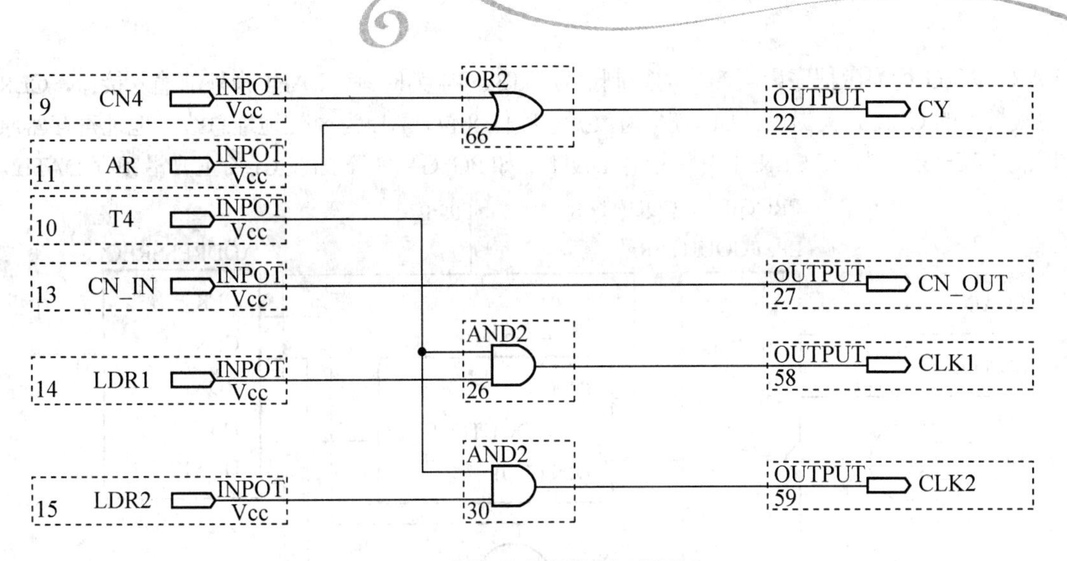

图 A-2 累加器电器控制逻辑原理

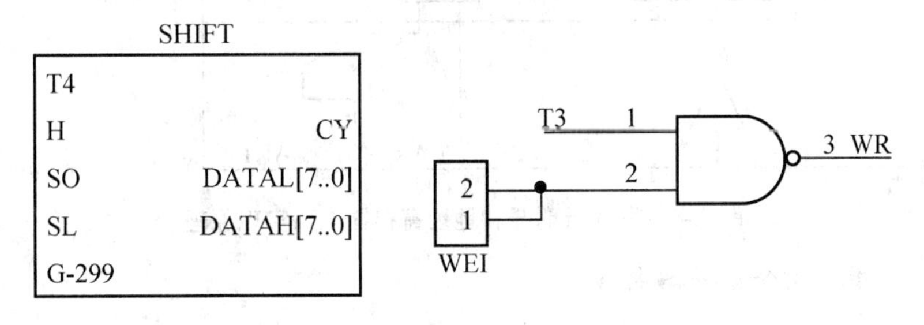

图 A-3 移位寄存器框图与电路原理

2. 微程序控制电路

微程序控制电路电路中，由 3 片 2816 作为 24 位微程序存储器，EP1K10 产生控制逻辑。开关 K1、K2、K3 的不同组合控制微程序的读、写和运行，6 个黄色 LED 为微地址指示灯。以微程序的运行为例：在 T2 时刻，将 MS24～MS1 的 24 位微程序打入微指令寄存器，然后由译码电路对 MS24～MS7 进行译码，产生地址寄存器、指令寄存器等电路的控制信号。MS6～MS1 指示下一个微地址，在 T3 时刻，由机器指令译码器产生的强制微地址信号对 MS6～MS1 微地址的某几位强行置位，形成下一个微地址输出。微控器的外部接口有 UAJ1、LDRO1、LDRO2、ALU-GOUT、G-299OUT、AROUT、STATUS、AO1、BO1、WEO、WEI、LARI。在读、写微程序时，UAJ1 用于从外部输入微地址；LDRO1、LDRO2、ALU-GOUT、G-299OUT、AROUT、STATUS 为运算器电路的控制信号，只要将它们接至运算器电路相应的接口上(STATUS 接 S3～S1MCN)就能实现微程序对运算器的控制。AO1、BO1 通常接至底板 I/O 控制电路的 1A1B 上，用于外部 I/O 设备的选通控制。WEO 为微控器的读写输出，WEI 为外部读写控制电路的输入，控制总线上的 WR 为外部读写控制电路的输出，其控制电路：通常将 WEO 与 WEI 相连，实现微程序对外部读写的控制。LARI 为地址控制器的输入，以下另作介绍。除此以外其他控制信号都已接至相应的控制电路上。

3. 程序计数器、地址寄存器电路

程序计数器和地址寄存器电路由 EP1K10 实现，其原理如图 A-4 所示。其中 LOAD、LPC、

LAR、PC-G 均为微程序译码产生的控制信号；T3、T4 为时钟，LARI 为外部输入接口，CLR 由底板上的 CLR 开关提供。LDATA 为数据总线低 8 位，AL 为 8 位地址总线。地址寄存器原理：如 PC−G= ‘0’，在 CLK 上升沿锁存 DATI1；如 PC−G= ‘1’，则在 CLK 上升沿锁存 DATI2。

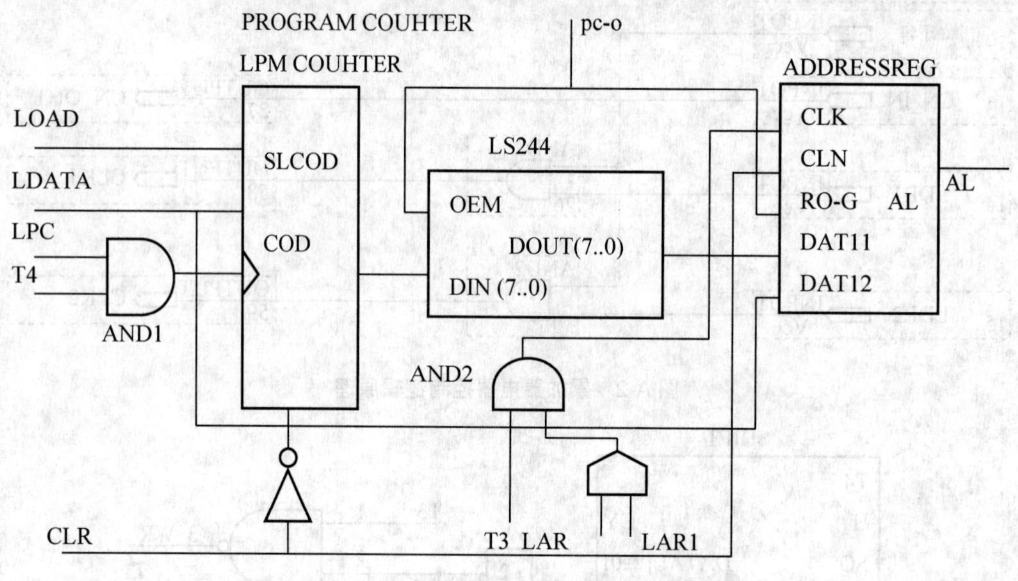

图 A-4　程序计时器和地址寄存器电路实现原理

4. 寄存器堆、指令寄存器电路

寄存器堆和指令寄存器电路由 EP1K10 实现，其原理如图 A-5 所示。其中 LDIR 为微程序译码产生的控制信号，T4 为时钟，LR、RG 为机器指令译码产生的控制信号。CLKi 的上升沿将数据总线上的数打入寄存器 RGi，OEi 为低电平时将寄存器 RGi 的数送上数据总线。HDATA 和 LDATA 分别为高 8 位和低 8 位数据总线。CLR 由底板上的 CLR 开关提供。

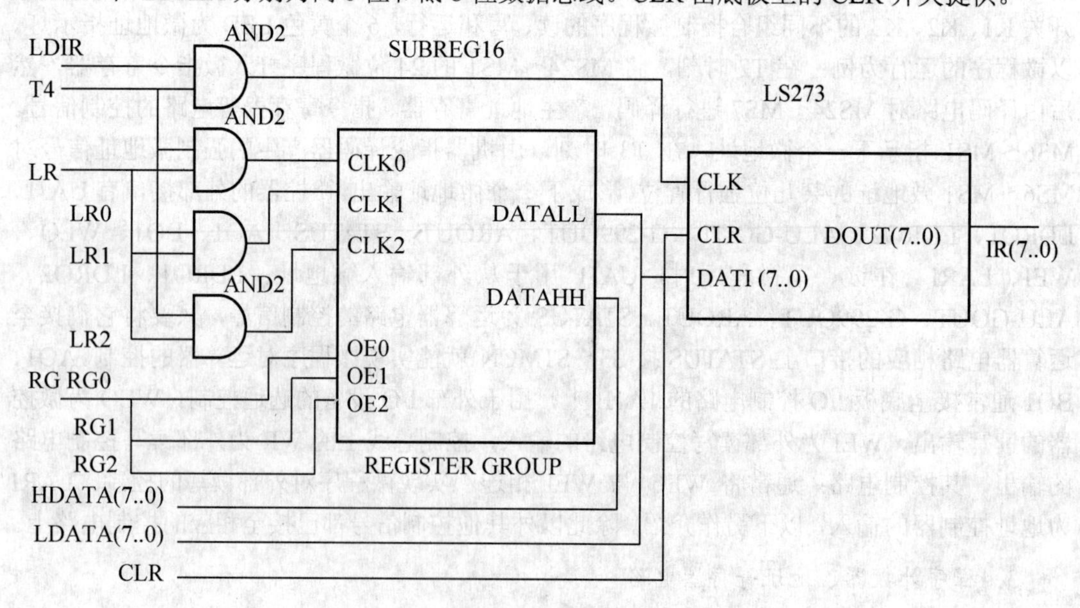

图 A-5　寄存器堆和指令寄存器电路实现原理

5. 指令译码器电路

指令译码器电路由 EP1K10 实现，其原理如图 A-6 所示。其中 P1、P2、P3、P4、LRi、RAG、RBG、RCG 为微程序译码产生的控制信号，T3 为时钟，I7～I0 为指令寄存器的输出 IR，CA1、CA2 为机器指令的读、写、运行的控制端，已分别接至控制总线的 E4 和 E5。SA4～SA0 为强制微地址信号，输出至微控制器电路；LDR2～LDR0 输出至寄存器堆电路的 LR，R0B、R1B、R2B 输出至寄存器堆电路的 RG。

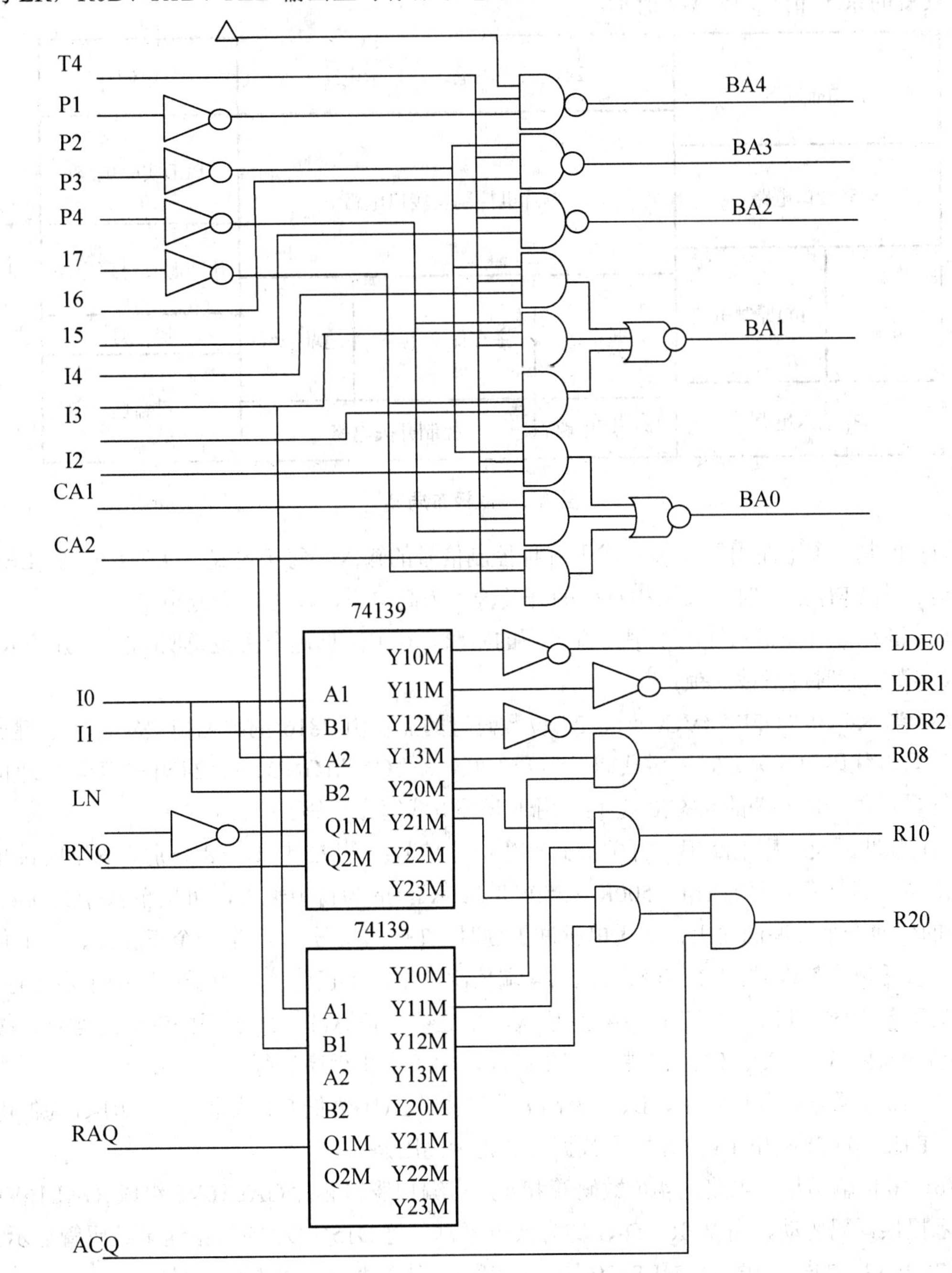

图 A-6　指令译码器电路实现原理

6. 数据、地址和控制总线电路

CPU 板上的 16 个绿色指示灯 D15～D0 对应于 16 位数据总线，8 个黄色指示灯对应于 8 位地址总线。控制总线上的信号除 WR 外均由底板的 CPU 产生。

四、底板使用说明

底板的系统布局如图 A-7 所示。

自由布线区
24位微代码输入及显示电路
电源
8255接口电路
单片机控制及接口电路
PLD实验电路
脉冲源及时序电路
输出显示电路
I/O控制电路
数据总线
主存储器电路
地址总线
监控灯
键盘区
数据输入电路
显示灯电路
控制开关电路

图 A-7 底板布局

(1) 控制开关电路用于开关方式下各种控制信号的输入，每个键盘开关对应一个 LED 指示灯。当 LED 点亮时，表示相对应的开关输出为高电平，反之则为低电平。

(2) 键盘及监控指示灯用于键盘方式下的实验，其用法见每个实验说明(注：当开关 K4 为“ON”状态时键盘被封锁)。

(3) 当 K4 为“OFF”(VCC)时，24 位数码管的显示由 2816 的数据口决定，用于键盘方式读写微代码和开关方式读微代码。当开关 K4 为“ON”(GND)时，24 开关有效，24 位数码管显示每一位开关的状态(0 或 1)，用于开关方式写微代码。

(4) 脉冲源及时序电路用于开关方式产生时序信号；f、$f/2$、$f/4$、$f/8$ 分别为固定时钟频率输出端，其频率分别为 1M、500K、250K、125K。fin 为待中输入，可接至 f、$f/2$、$f/4$、$f/8$ 中的任何一个脉冲源输出；按【单脉冲】键时，T+、T-端分别产生一个正脉冲、一个负脉冲；按【单步】键时，T1、T2、T3、T4 端依次产生一个正脉冲，用于程序的单步运行；按【启动】键时，T1、T2、T3、T4 端依次产生连续的正脉冲，用于程序的全速运行；按【停止】键时，T1、T2、T3、T4 端不产生脉冲，用于中止程序运行。

(5) 16 位数据输入电路中，DU2 为高 8 位数据，DU1 为低 8 位数据，当 DIJ-G 为低电平时，DIJ2、DIJ1 输出 16 位开关量数据，否则为高阻态。

(6) 16 位输出显示电路由 4 个数码管和 4 片可编程逻辑芯片 GAL16V8 组成。GAL16V8 位显示提供译码驱动，当 W/R、D-G 均为低电平时，将 D15～D0 的数据送至数码管显示。

(7) I/O 控制电路由一片 74LS139 构成，用于为外部器件提供选通信号。

(8) 显示顶电路：该电路有 4 个绿色 LED 指示灯。当输入为高电平时，点亮相应位置的 LED 灯。

(9) 主存储器电路及其原理如图 3-1 所示。

(10) 8255 接口电路的数据、地址、控制线和 PA 口以及 PB 口的第 4 位均通过单排插针引出。底板上的数据总线 BD15～BD0(三组接口相同，可互换)和 CPU 板上的数据线相连，地址总线 AD7～AD0 和 CPU(三组接口相同，可互换)和 CPU 板上的地址线相连。

I/O 控制电路中，输入输出的关系如表 A-1 所示。

表 A-1　I/O 控制电路中输入与输出的关系

输　入		输　出			
1A	1B	Y0	Y1	Y2	Y3
0	0	0	1	1	1
1	0	1	0	1	1
0	1	1	1	0	1
1	1	1	1	1	0

底板上的数据总线 BD15～BD0 和 CPU 板上的数据线相连，地址总线 AD7～AD0 和 CPU 板上的地址线相连。

五、参考实验

(1) 运算器实验；
(2) 移位运算实验；
(3) 存储器读写实验；
(4) 微程序控制器的组成与实现实验；
(5) 微程序设计实验；
(6) 简单模型机组成原理实验；
(7) 带移位运算的模型机组成原理实验；
(8) 复杂模型机组成原理实验；
(9) 复杂模型机的 I/O 实验；
(10) 总线控制实验；
(11) 具有简单中断处理功能的模型机实验；
(12) 基于重叠和流水线技术的 CPU 结构实验；
(13) RISC 模型机实验；
(14) 可重构原理计算机组成实验。

其中实验 11～14 需配备 ALTERA 公司的 MAXPLUSII 软件和本公司的 ALTERA 下载电缆。在实验 1～10 通电之前，须将 CPU 板上的跳线 J1～J6 跳至 EPC ON。

第二部分　使用说明及要求

(1) 本系统分为 3 种实验操作方式。

方式一：开关控制操作。

方式二：键盘控制操作。

方式三：联机控制操作。

(2) 本系统采用正逻辑，即1代表高电平，0代表低电平。

(3) 指示灯亮表示相应信号为高电平，灭表示相应信号为低电平。

(4) 实验连线时应按如下方法：对于横排座，应使排线插头上的箭头面向自己插在横排座上；对于竖排座，应使排线插头上的箭头面向左边插在竖排座上。

(5) 为保证实验的成功，每次实验之前均应认真阅读实验指导书，连线要按要求进行，确保正确无误且接触良好。

(6) 应严格按照实验指导书的实验步骤和先后顺序进行实验，否则有可能造成实验不成功甚至损坏芯片。

一、方式一：开关控制操作方式

(1) 在各种控制信号中，有的是低电平有效，有的是高电平有效，请注意区别，具体可参见实验指导。

(2) 总线是计算机信息传输的公共通路。为保证总线信息的正确无误，总线上每次只能有一个控制信号有效，如果同时有两个或两个以上信号同时有效，会产生总线竞争而造成冲突甚至损坏芯片。故每次开始实验操作时均要先置相应控制开关电路的控制信号为1，高电平，对应的指示灯亮。

二、方式二：键盘控制操作方式

系统通电，K4开关拨到“OFF”状态，监控指示灯(数码管，以下数码管均指监控指示灯)上滚动显示【CLASS SELECT】，在该状态下，整个键盘可用键分别如下。

【系统检测】键：按下该键，数码管显示【CHESYS】(即CHECK SYSTEM的缩写)，进入系统自检程序，具体见后述说明。

【实验选择】键：按下该键，数码管显示【ES--_ _】，进入实验课题选择，具体见后述说明。

【联机】键：按下该键，系统进入与上位机通信状态，当与计算机联机成功，数码管显示【Pc-Con】，最后显示【8】，表示联机通信成功。

除了上述3个键有效外，其余按键系统均不响应。

1.【系统检测】键具体操作说明

(1) 当在监控指示灯显示【CLASS SELECT】时按下该键，显示变为【CHESYS】(CHECK SYSTEM)，进入系统自检，此时，只要按键盘上任意一键，数码管后两位就显示该键所对应的键盘编码，前4位显示对应电路的名称——8255。例如，按【2】键，对应的显示【825502】，然后返回显示【CHESYS】；按【F】键，对应的显示【82550F】，然后返回显示【CHESYS】。

(2) 在系统检测状态，按【取消】键，则退出系统检测程序。

(3) 对于键盘上的【0】键和【1】键，除了显示其键盘编码外，还有第二功能。

①【0】键的第二功能说明：检测所有总线(数据总线、控制总线、微控制总线)的输

出功能。按【0】键后，监控指示灯显示【825500】后，约过 0.5s，系统首先显示【UCDC00】，自动送 0 到所有总线，24 位微代码显示数码管显示全 0(如果其他两条总线连接有监视灯，也显示全 0)；此时，系统等待按【确认】键。当按【确认】键后，数码管显示变为【UCDCFF】，系统自动送所有总线 FF，24 位微代码显示数码管显示全 1(如果其他两条总线连接有监视灯，也显示全 1)，此时系统等待按【取消】键退出该项功能检测。

在总线输出 00 和 FF 的时候，通过观察总线上的状态显示灯即可知道哪一组总线上的哪一位出错。

②【1】键的第二功能说明：检测所有总线(数据总线、控制总线、微控制总线)的输入功能。按【1】键后，显示【825501】，系统等待按【确认】键，按【确认】键后，系统显示【UC0PPP】，此时需把 K4 从“OFF”状态拨向“ON”状态，把开关 MS1～MS24 拨为全 0，再次按【确认】键，系统读入微控总线的第 0 组(第一个 8 位)的全 0，如果总线出错，读入哪一个为 1，在数码管上就位显示对应的错误位号(如果第一个(低)8 位的第 0 位出错，则显示【UC00Er】，表示微控制总线的第 0 组的第 0 位出错，UC 后的第 1 个 0 表示第 0 组微控制总线，第 2 个 0 表示第 0 位)，如果完全正确，显示【UC0Cor】，约过 1s，显示变为【UC1PPP】，按【确认】键，系统检测微控总线的第 1 组(第二个 8 位)的全 0，如果完全正确，显示【UC1Cor】，若有哪一位有错误，错误信息的显示与第一组显示相同；在显示【UC1Cor】后约 1 秒，显示【UC2PPP】，按【确认】键，系统检测微控制总线的第 2 组(第二个 8 位)的全 0，如果完全正确，显示【UC2Cor】，若有哪一位有错误，错误信息显示的与第一组显示相同；当三组全检测完毕，显示变为【CHEEND】(CHECK END)，约 1s 后，显示【OFF】，此时把 K4 开关拨回到“OFF”状态，则又回到系统检测最开始部分。

2.【实验选择】键具体操作说明

当显示【CLASS SELECT】时按该键，数码管显示变为【ES--_ _】，系统打开键盘，等待通过数字键盘输入实验课题代码，输入相应的课题代码后，按【确认】键进入该实验，在输入的过程中，可通过按【取消】键修改输入，在显示【ES--_ _】状态连续按【取消】键即可退出实验选择功能，返回到【CLASS SELECT】状态。

实验课题与输入代码对应关系如表 A-2 所示。

表 A-2　实验课题与输入代码对应关系

实验课题	输入代码及按键
实验一	01+确认 或 1+确认
实验二	02+确认 或 2+确认
实验三	03+确认 或 3+确认
实验四	04+确认 或 4+确认
实验五	05+确认 或 5+确认
实验六	06+确认 或 6+确认
实验七	07+确认 或 7+确认
实验八	08+确认 或 8+确认
实验九	09+确认 或 9+确认
实验十	10+确认

续表

实验课题	输入代码及按键
实验十一	11+确认
实验十二	12+确认
实验十三	13+确认

注意 实验十三的步骤与实验一相同。在采用单片机键盘控制操作方式实验时，必须把K4开关置于“OFF”状态，否则系统处于自锁状态，无法进行实验。已经说明的除外，本实验方式中提到的数码管(显示)均指监控指示灯的显示。其他各实验课题均相同。

3.【联机】键说明

当在数码管显示【CLASS SELECT】时按该键，系统进入上位机监控实验状态，所有按键全都封闭，除【RST】(复位)键外，所有的实验操作全由上位机控制。当退出联机实验状态后，系统又自动恢复到【CLASS SELECT】状态。

三、方式三：联机控制操作方式

用串口电缆连接本系统和PC。当系统监控指示灯上滚动显示【CLASS SELECT】时，在 PC 上运行联机程序，选择正确端口后按【联机】键，系统进入与上位机通信状态。当与计算机联机成功后，数码管显示【Pc-Con】，最后显示【8】，表示联机通信成功。

(1) 联机控制方式下的系统接线与键盘控制方式相同。

(2) 联机方式下在上位机界面中选择实验项目。每项实验均由实验说明和实验步骤两部分组成。实验说明中有每个实验的详细步骤。

附录 B　SHICE－2 计算机组成原理实验系统

第一部分　集成电路说明

一、收发器 74LS245

8——位，无反相输入，三态输入(见图 B-1)。

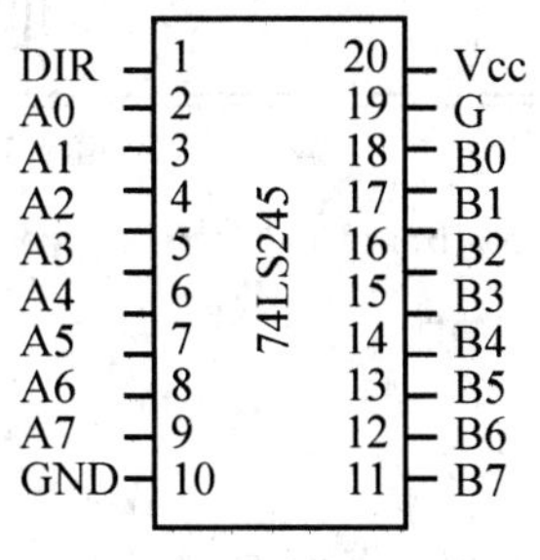

(a) 74LS245 管脚分配

74LS245功能		
G	DIR	功能
0	0	A=B
0	1	B=A
0	×	Isolated

(b) 74LS245 功能

图 B-1　74LS245 管脚分配和功能

二、D 型触发器 74LS273

8——位，清零输入，Q0=在时钟脉冲上升沿之前 QT 的输出(见图 B-2)。

引脚	管脚	74LS273	管脚	引脚
DIR	1		20	Vcc
Q0	2		19	Q7
D0	3		18	D7
D1	4		17	D6
Q1	5		16	Q6
Q2	6		15	D5
D2	7		14	Q5
D3	8		13	D4
Q3	9		12	Q4
GND	10		11	CLK

(a) 74LS273 管脚分配

74LS273功能			
CLR	CIK		功能
0	×	×	0
0	↑	1	1
↑	↑	0	0
↑	0	×	Q0

(b) 74LS273 功能

图 B-2　74LS273 管脚分配和功能

三、算数逻辑单元功能发生器 74LS181

4——位，16——功能，逐位进行输出(功能表请参阅教材)(见图 B-3)。

引脚	管脚	74LS181	管脚	引脚
B0	1		24	Vcc
A0	2		23	A1
S3	3		22	B1
S2	4		21	A2
S1	5		20	B2
S0	6		19	A3
Cn	7		18	B3
M	8		17	G
F0	9		16	Cn+4
F1	10		15	P
F2	11		14	A=B
F3	12		13	F3

图 B-3　74LS181 管脚分配

四、16KCMOS 静态随机存储器 RAM(2048X8)6116(见图 B-4)

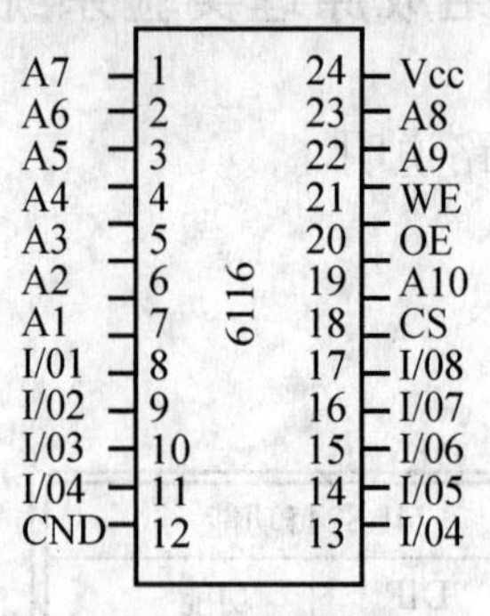

(a) 6116 管脚分配

6116功能			
CE	$\overline{WE}$	$\overline{OE}$	$\overline{Q}$
0	×	×	高阻
0	1	0	读
0	0	1	写
0	0	0	写

(b) 6116 功能

图 B-4　6116 管脚分配和功能

五、D 型锁存器 74LS373

8——位，透明的，无反相，具有 3——态输出的功能(见图 B-5)。

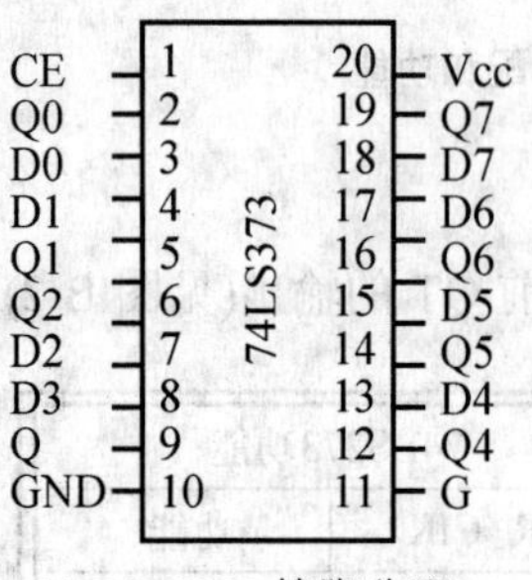

(a) 74LS373 管脚分配

74LS373功能			
OE	G	D	$\overline{Q}$
0	1	1	0
0	1	0	1
0	0	×	Q0
1	×	×	Z

(b) 74LS373 功能

图 B-5　74LS373 管脚分配和功能

六、D 型触发器 74LS374。

8——位，无反相，3——态输出(见图 B-6)。

OE 1 20 Vcc
Q0 2 19 Q7
D0 3 18 D7
D1 4 17 D6
Q1 5 16 Q6
Q2 6 15 D5
D2 7 14 Q5
D3 8 13 D4
Q3 9 12 Q4
GND 10 11 G
74LS374

(a) 74LS374 管脚分配

74LS374功能			
OE	G	D	Q
0	↑	1	0
0	↑	0	1
0	0	×	0Q
1	×	×	Z

(b) 74LS374 功能

图 B-6　74LS374 管脚分配和功能

七、与门 74LS08 和与非门 74LS00

(1) 与门 74LS08 的逻辑关系 Y=AB(见图 B-7)；(2)与非门 74LS00 的逻辑关系/Y=AB(见

图 B-8)。

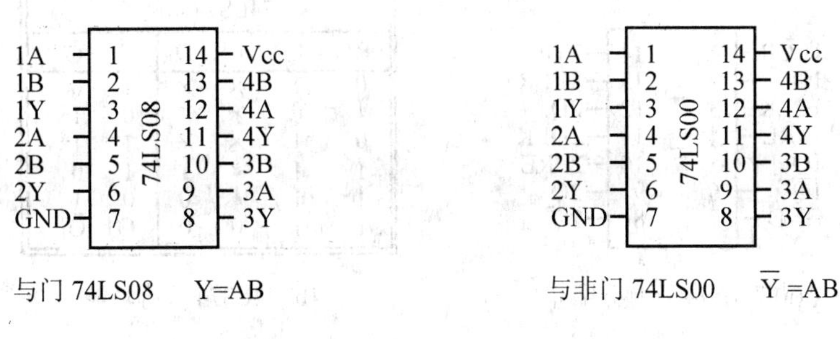

与门 74LS08　　Y=AB　　　　与非门 74LS00　　$\overline{Y}$=AB

图 B-7　74LS08 管脚分配　　　　图 B-8　74LS00 管脚分配

八、与门 74LS20 和六反相器 74LS04

与门 74LS20 的逻辑关系是 Y=ABCD(见图 B-9)，六反相器 74LS04 的逻辑关系是 $\overline{Y}$=A (见图 B-10)。

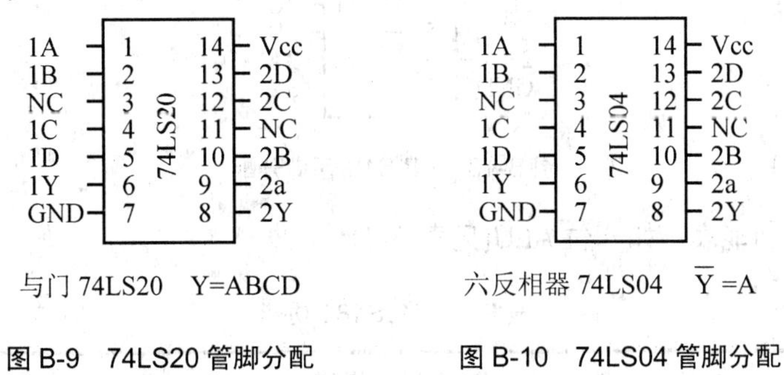

与门 74LS20　Y=ABCD　　　　六反相器 74LS04　$\overline{Y}$=A

图 B-9　74LS20 管脚分配　　　　图 B-10　74LS04 管脚分配

九、累加器 74LS163

74LS163 累加器是异步清零输入，计数器可计数输入，置位输入，行波进位输出，异步计数，其管脚分配和功能如图 B-11 所示。

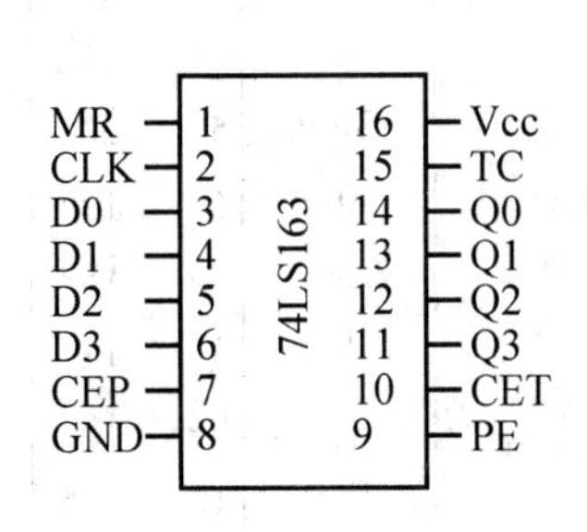

(a) 74LS163 管脚分配

74LS163功能					
CLK	MR	CEP	CET	PE	功能
×	0	×	×	×	清零
×	1	1	0	1	记数/进位不能
×	1	0	1	1	记数不能
×	1	0	0	1	记数/进位不能
↑	1	×	1	0	装数
↑	1	1	1	1	记数

(b) 74LS163 管脚功能

图 B-11　74LS163 管脚分配和功能

十、D 型触发器　74LS74

4——位，正边沿触发，置位和复位输入，互补输出(见图 B-12)。

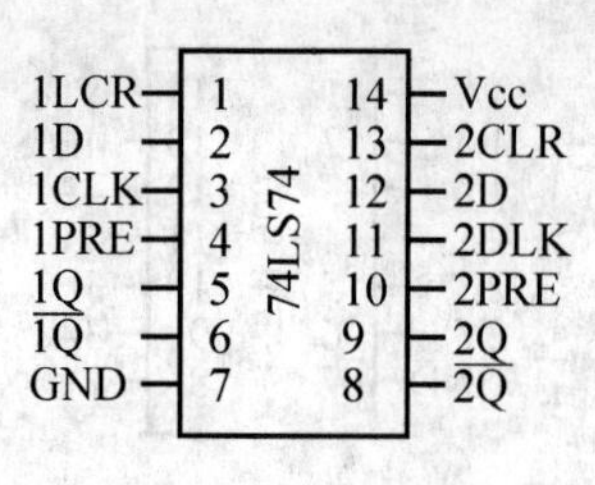

74LS74功能					
PRC	CLR	CLK	D	$\overline{Q}$	Q
0	1	×	×	1	0
1	0	×	×	0	1
0	1	×	×	1*	1*
1	1	↑	1	1	0
1	1	↑	0	0	1
1	1	0	0	Q1	$\overline{Q}_1$

(a) 74LS74 管脚分配　　(b) 74LS74 管脚功能

图 B-12　74LS74 管脚分配和功能

十一、三输入与非门　74LS10(见图 B-13)

信号	引脚	74LS10	引脚	信号
1A	1		14	Vcc
1B	2		13	1C
2A	3		12	1Y
2B	4		11	3C
2C	5		10	3B
2Y	6		9	3A
GND	7		8	3Y

图 B-13　74LS10 管脚分配

十二、74LS181 功能表，如 4 位 ALU(见表 B-1)

表 B-1　74LS181 功能

选择	M=H	M=L 算术操作	
S3 S2 S1 S0	逻辑操作	Cn=H　(无进位)	Cn=L (有进位)
L L L L	F=A	F=A	F=A+1
L L L H	F=A+B	F=A+B	F=(A+B)+1
L L H L	F=AB	F=A+B	F=(A+B)+1
L L H H	F=0	F=-1(2 的补)	F=0
L H L L	F=AB	F=A+AB	F=A+AB+1
L H l H	F=B	F=(A+B)+AB	F=(A+B)+AB+1
L H H L	F=A⊕B	F=A-B-1	F=A-B
L H H H	F=AB	F=AB-1	F=AB
H L L L	F=A=B	F=A+AB	F=A+AB+1
H L L H	F=A⊕B	F=A+B	F=A+B+1
H L H L	F=B	F=(A+B)+AB	F=(A+B)+AB+1
H L H H	F=AB	P=AB-1	F=AB
H H L L	E=1	F=A+A	F=A+A+1
H H L H	F=A+B	E=(A+B)+A	F=(A+B)+A+1
H H H L	E=A+B	F=(A+B)+A	F=(A+B)+A+1
H H H H	F=A		F=A

信号	引脚	引脚	信号
B0—	1	24	—Vcc
A0—	2	23	—A1
S3—	3	22	—B1
S2—	4	21	—A2
Sl—	5	20	—B2
S0—	6	19	—A3
Cn—	7	18	—B3
M—	3	17	—G
F—	9	16	—Cn+4
F—	10	15	—P
F2—	11	14	—A=B
GND—	12	13	—F3

十三、四 D 型触发器 74LS175(见图 B-14)

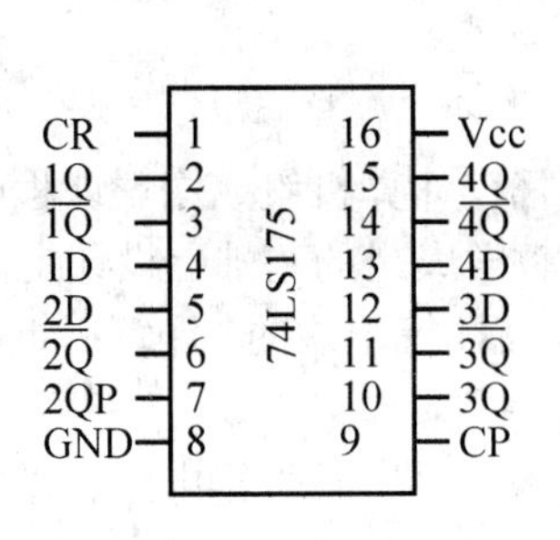

(a) 74LS175 管脚分配

74LS175功能				
输入			输出	
清除 $\overline{R}$	时钟 CP	数据 D	Qn+1	$\overline{Qn}$=1
0	×	×	0	1
1	↑	1	1	0
1	↑	0	0	1
1	0	×	Qn	Qn

(b) 74LS175 功能

图 B-14　74LS175 管脚分配和功能

十四、二进位微指令代码(见表 B-2)

表 B-2　二进位微指令代码

当前微地址					D0	D1	D2	D3	D4	D5	D6	D7	D0	D1	D2	D3	D4	D5	D6	D7	D0	D1	D2	D3	D4	D5	D6	D7
0	0	0	0	0	0	0	0	0	0	0	1	0	0	0	0	0	0	1	0	0	1	1	0	0	0	0	0	1
0	0	0	0	1	0	0	0	0	0	0	0	0	0	0	0	0	0	1	1	0	0	1	0	0	0	0	1	0
0	0	0	1	0	0	0	0	0	0	0	0	1	0	0	0	0	1	0	0	0	0	0	1	0	1	0	0	0
0	0	0	1	1	0	0	0	0	0	0	0	1	0	0	0	0	0	0	1	0	0	0	0	0	0	1	0	0
0	0	1	0	0	0	0	0	0	0	0	0	1	0	0	0	1	0	0	0	0	0	0	0	0	0	1	0	1
0	0	1	0	1	0	0	0	0	0	0	0	0	0	0	1	0	0	0	0	0	1	0	0	0	0	1	1	0
0	0	1	1	0	1	0	0	1	0	1	0	0	0	1	0	0	0	0	0	1	0	0	0	0	0	0	0	1
0	0	1	1	1	0	0	0	0	0	0	0	1	0	0	0	0	0	0	1	0	0	0	0	1	0	1	1	0
0	1	0	0	0	0	0	0	0	0	0	1	0	0	0	0	0	0	1	0	0	1	1	0	0	1	1	1	0
0	1	0	0	1	0	0	0	0	0	0	0	0	0	1	0	0	0	0	0	0	1	1	0	0	0	0	0	1
0	1	0	1	0	0	0	0	0	0	0	0	0	0	0	0	0	0	1	1	0	0	1	0	0	0	0	1	1
0	1	0	1	1	0	0	0	0	0	0	0	0	0	0	0	0	0	1	1	0	0	1	0	0	0	1	1	1
0	1	1	0	0	0	0	0	0	0	0	0	0	0	0	0	0	0	1	1	0	0	1	0	1	0	0	1	1
0	1	1	0	1	0	0	0	0	0	0	0	0	0	0	0	0	0	1	1	0	0	1	0	1	0	1	0	1
0	1	1	1	0	0	0	0	0	0	0	0	0	0	0	0	0	0	1	1	0	0	1	0	0	1	1	1	1
0	1	1	1	1	0	0	0	0	0	0	0	1	0	0	0	0	0	0	0	0	0	0	0	0	1	1	1	0
1	0	0	0	0	0	0	0	0	0	0	1	0	0	0	0	0	0	1	0	0	1	1	0	1	0	0	0	1
1	0	0	0	1	0	0	0	0	0	0	0	0	0	0	0	0	0	1	1	0	0	1	0	1	0	0	1	0
1	0	0	1	0	0	0	0	0	0	0	0	1	1	0	0	0	0	0	0	0	1	1	0	1	0	0	0	1
1	0	0	1	1	0	0	0	0	0	0	0	1	0	0	0	0	0	0	1	0	0	0	0	1	0	1	0	0
1	0	1	0	0	0	0	0	0	0	0	0	1	0	0	0	0	0	0	0	0	0	0	0	0	0	0	0	1
1	0	1	0	1	0	0	0	0	0	0	1	1	0	0	0	0	0	1	0	0	0	0	0	0	0	0	0	1
1	0	1	1	0	0	0	0	0	0	0	0	1	1	0	0	0	0	0	0	0	1	0	0	0	0	0	0	1

第二部分　SHICE—2 计算机组成原理实验系统概述

一、系统简介

SHICE—2 型计算机组成原理实验仪是根据理工科院校计算机组成原理课程大纲的要求和计算机教学迅速发展的需要，在吸收了国内外先进教学成果的基础上设计定型的。

系统采用模块化组合结构，为大学本科、专科、成人高校等层次的“计算机组成原理”、“计算机组成与结构”、“逻辑设计”等课程提供了实验条件。

整个系统由运算器电路、存储器电路、数据通路电路、时序发生器电路、微程序控制器电路、模拟输入逻辑开关、脉冲发生电路、可编程器件实验电路等组成。

由于系统的模块化，学生可通过一系列积木式实验，对 CPU 内部的运算功能、控制功能、总线结构、指令系统的设计和微指令的实现以及 CPU 内部如何工作有直观和深刻的认识。在各项实验的基础上，通过自己设计并实现一台模型机的运行，从而对计算机的原理、结构，从部件到各系统，直到整机有一个形象的、生动的、本质的认识。有利于培养学生的动手能力、创造性分析问题和解决问题的能力。

SHICE—2 型计算机组成原理实验仪布局框图如图 B-15 所示。

<table>
<tr><td rowspan="2">时序电路</td><td rowspan="2">存储器</td><td rowspan="2">运算器</td><td>电源接口</td></tr>
<tr><td>微程序控制器</td></tr>
<tr><td colspan="4">模拟输入逻辑开关(控制信号)</td></tr>
<tr><td>GAL 器件
实验电器</td><td>脉冲电路 1</td><td>面包板
(逻辑元件实验区)</td><td>脉冲电路 2</td></tr>
</table>

图 B-15　布局

其中存储器、运算器及数据通路、时序、微程序控制电路将在以后逐一详细介绍和使用。前 3 个实验 UBIN 和 UPCOUT 之间的扁平电缆不用插。

作为辅助电路主要有脉冲产生电路用来产生单拍脉冲和连续脉冲；单拍脉冲输出为 P 和 $\overline{\text{P}}$ 常用作实验中的单拍脉冲信号源。连续脉冲输出仍为 $f1$、$f2$、$f3$，其中 $f0$～$f3$ 为倍频关系，频率决定于晶体频率，如晶体频率为 2M，$f0$～$f3$ 分别为 125kHz、250kHz、500kHz、1MHz，在实验中可任选一频率作为时序电路中 MF 的连续脉冲输入(频率选择由 DIP2 开关决定，向上为选通某一频率)。

实验仪中还设计了逻辑元件实验区，电源、脉冲产生电路分别提供了逻辑元件实验需要的电平和脉冲源，为做逻辑元件实验提供了完整的条件。

二、通用电路简介

1. 通用操作部分

(1) 31 个逻辑开关中 1—AN31(见图 B-16(a))：ANi 输出对应于开关设置的相应逻辑值，开关按下时为逻辑“1”，常态时为逻辑“0”状态。

(2) 31 个电平显示电路(见图 B-16(b))：当输入端接高电平时发光管点亮；当输入端接低电平时发光管熄灭。

(3) 3 个单脉冲电路(见图 B-17)：每个电路的输出对应于 2 个输出端 P+、P−。每按一次按钮，在相应的输出端输出正、负脉冲各 1 个。

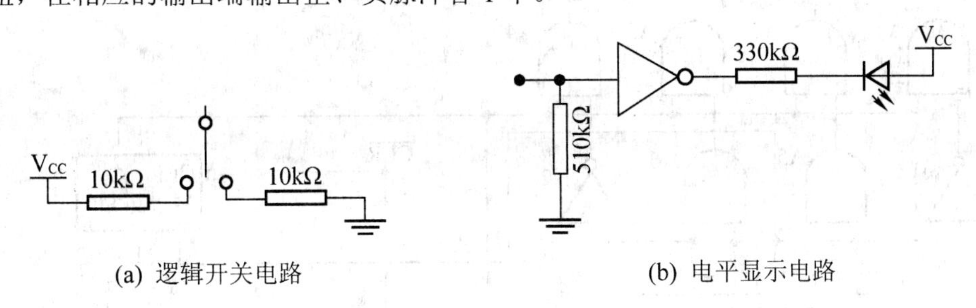

(a) 逻辑开关电路　　　　(b) 电平显示电路

图 B-16　逻辑开关电路和电平显示电路

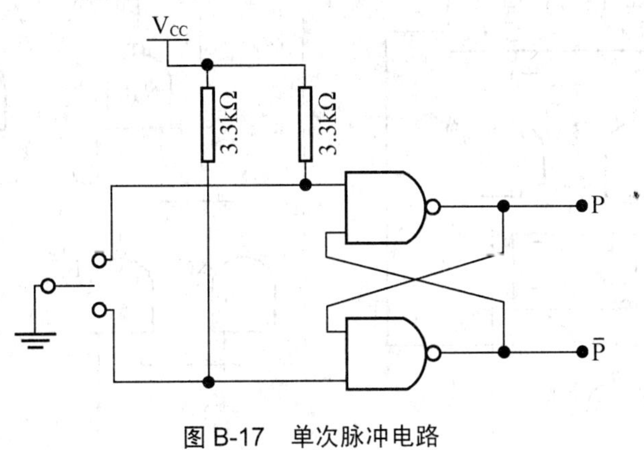

图 B-17　单次脉冲电路

2. 时钟电路(见图 B-18)

提供一组方波信号发生器，输出频率 $f0$ 为 250kHz，$f1$ 为 500kHz，$f2$ 为 1MHz，$f3$ 为 2MHz。此方波信号为实验时钟及产生时序信号的时钟。

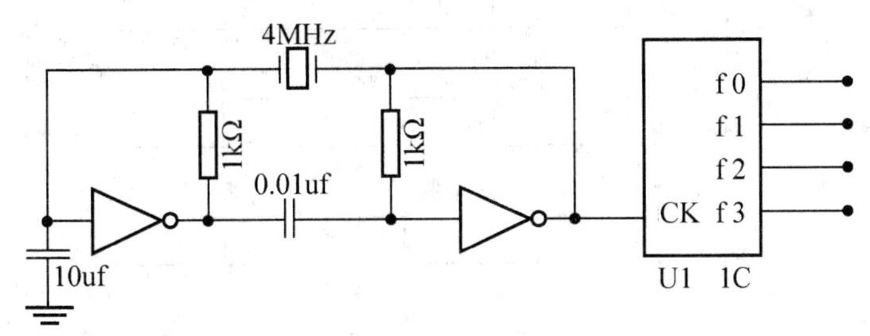

图 B-18　时钟电路

3. 时序发生器及启停电路(见图 B-19)

MF 为时钟输入端，时钟频率可从 $f0$～$f3$ 中选择一个。

TJ、DP 为单步停机控制信号，当其中 1 或 2 个都为高电平 1 时，此时，时序发生器处于停机或单步状态。即每按一次启动键 P0(P0 和 P0 已接入)产生一拍时序信号 T1、T2、T3、T4。当 TJ、DP 都为低电平时，按一次启动按钮 P0，产生连续时序信号，CLR 接 P2 作为清除按钮。连续输出时序波形如图 B-20 所示。T1、T2、T3、T4 有两组输出信号，以提高负载能力。

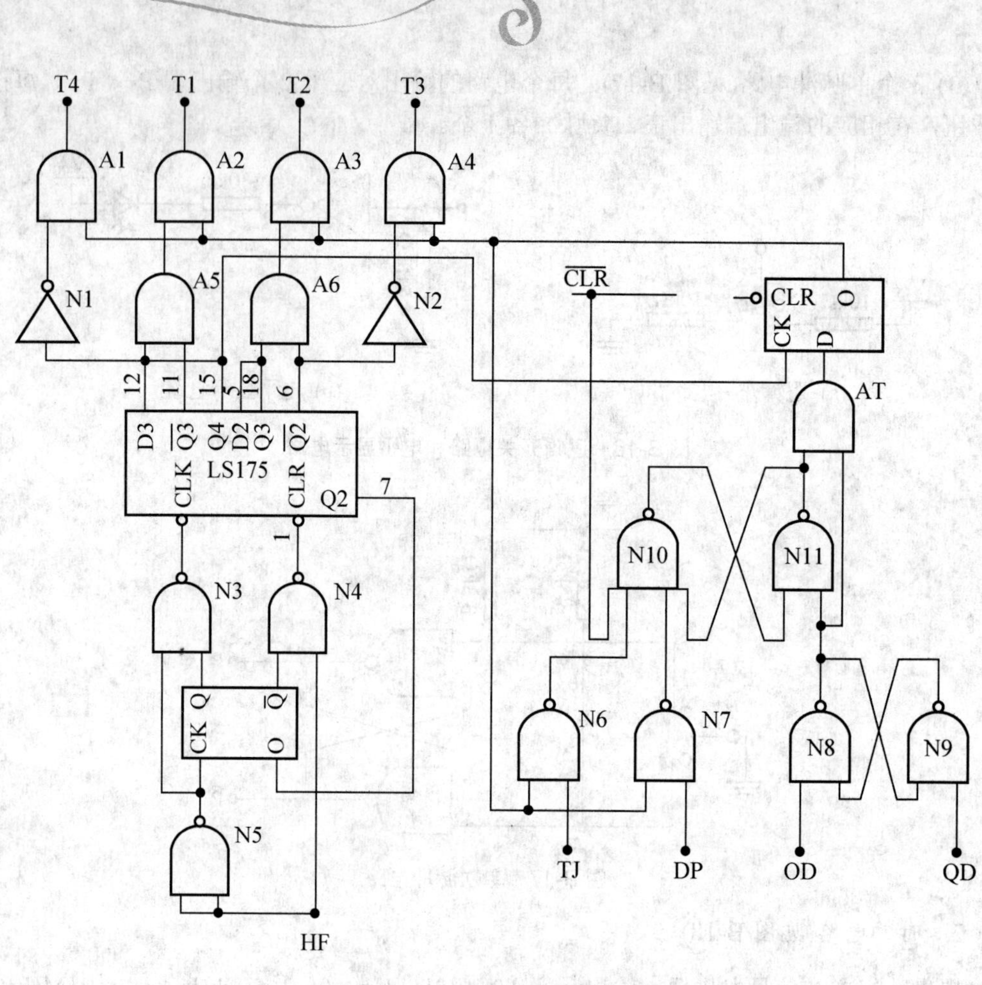

图 B-19 时序发生器及启停电路

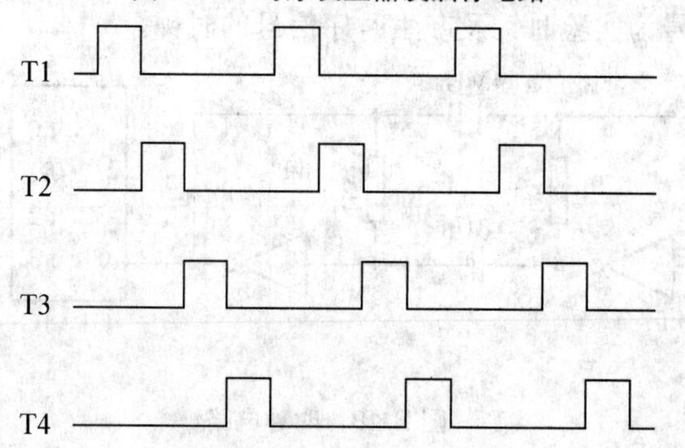

图 B-20 连续输出时序波形

4. 控制信号引脚定义及说明

SHICE—2 型实验仪输入输出信号引线通过线路板已连接到插座上。

(1) UA4～UA0。微程序控制器的微地址输出信号，UA4 为高位，UA0 为低位。此信号已接有指示灯，可监视微地址变化。

(2) IR7～IR5。指令寄存器的 1R7、IR6、IRS 输出信号，输入至微程序控制器修改微地址信号。

(3) $f0$～$f3$。时钟源输出信号端，$f0$ 输出频率为 250kHz，$f1$ 输出频率为 500kHz，$f2$ 输出频率为 1MHz，$f3$ 输出频率为 2MHz。

(4) T1～T4。时序信号发生器提供的 4 个标准时序输出信号，可以采用单拍或连续两种方式输出。

(5) S3～S0。由微程序控制器输出的 ALU 操作选择信号，以控制执行 16 种算术操作或 16 种逻辑操作中的一种操作。

(6) M。微程序控制器输出的 ALU 操作方法选择信号端。M=0 执行算术操作 M=I 执行逻辑操作。

(7) $\overline{Cn}$。微程序控制器输出的进位标志信号。$\overline{Cn}$=0 表示 ALU 运算时最低位加进位 1；$\overline{Cn}$=1 则表示无进位。

(8) SWE。微程序控制器的微地址修改信号。SWE 已接逻辑开关，先按下清零开关 CLR 使微地址为全 0 时，将逻辑开关从“1”→“0”→“1”(相当于负脉冲)，微地址修改为“10000”，使机器处于写 RAM 的微程序。

(9) SRD。微程序控制器的微地址修改信号。SRD 已接逻辑开关，先按下清零开关 CLR，使微地址为全 0 时，将逻辑开关从“1”→“0”→“1”(相当于负脉冲)，微地址修改为“01000”，使机器处丁读 RAM 的微程序。

(10) CLR。清零信号输入端，已连接单次脉冲 P2 按键中任一个。

(11) LDAR。微程序控制器的输入信号，将程序计数器的内容打入到地址寄存器 AR 中，产生 RAM 的地址。

(12) CE。微程序控制器输出的 RAM 片选信号。CE=0 时 RAM6116 被选中。

(13) WE。微程序控制器输出的 RAM 读写控制信号。当 CE=0 时，如果 WE=0 为存储器读；如果 WE=1 为存储器写。

(14) LDPC。微程序控制器输出的 PC 加 1 信号。

(15) LOAD。微程序控制器的输出信号。LOAD=0 时，PC 处于并行置数状态；LOAD=1 时，PC 处于计数状态。

(16) ALU→BUS。微程序控制器的输出信号，控制运算器的运算结果是否送到总线 BUS，低电平有效。

(17) PC→BUS。微程序控制器的输出信号，控制程序计数器的内容是否送到总线 BUS，低电平有效。

(18) R0→BUS。微程序控制器的输出信号，控制寄存器的内容是否送到总线 BUS，低电平有效。

(19) SW→BUS。微程序控制器的输出信号，控制 8 位数据开关 SW7～SW0 的开关量是否送到总线，低电平有效。

(20) LDR0。微程序控制器的输出信号，控制把总线上的数据打入寄存器 R0。

(21) LDDR1。微程序控制器的输出信号，控制把总线上的数据打入运算暂存器 DR1。

(22) LDDR2。微程序控制器的输出信号，控制把总线上的数据打入运算暂存器 DR2。

(23) LDIR。微程序控制器的输出信号，控制把总线上的数据(指令)输入到指令寄存器 IR 中。

(24) P1。微程序控制器输出的修改微地址 P1 标志信号。用于机器指令的微程序分支测试。

(25) UP。微程序控制器的微地址寄存器输出控制信号，UP=0，微地址信号输出。

(26) MF。时序发生器的时钟输入端，从$f0$、$f1$、$f2$、$f3$中任选一个。

(27) P0、P0。时序发生器启动控制信号，按一次P0，时序发生器可输出一拍(单拍)或连续时序信号T1、T2、T3、T4。

(28) TJ、DP。时序发生器的停机单步控制信号端。当DP为低电平时，按一次P0键，产生连续时序信号T1、T2、T3、T4。当DP为高电平时，时序发生器处于单拍状态，按一次P0，产生一拍(单拍)时序信号T1、T2、T3、T4。TJ信号端已连接到微程序控制器产生的“自动停机”控制信号端。

(29) P0、P0、P1、P1、P2、P2。单次脉冲(按键)输出端。P为正脉冲，P为负脉冲。

(30) Cn+4。ALU的进位输出端，Cn+4=0表示运算后有进位输出。

(31) D7～D0。8位数据通路的8条总线，D7为高位，D0为低位。

(32) A7～A0。存储器RAM的地址输入信号，A7为高位，A0为低位。

(33) SW7～SW0。八位数据输入端，在SW→BUS有效时，将8位数据输入到总线。

(34) R0→BUS。控制发送数据信号；将寄存器R0的数据发送到总线上，低电平有效。

(35) R1→BUS。控制发送数据信号，将寄存器R1的数据发送到总线上，低电平有效。

(36) LDR1。控制接收数据信号，将总线上的数据打入到寄存器R1。

(37) R2→BUS。控制发送数据信号，将寄存器R2的数据发送到总线上，低电平有效。

(38) LDR2。控制接收数据信号，将总线上的数据打入到寄存器R2。

(39) PC7～PC0。程序计数器PC输出信号端，PC7为高电平，PC0为低位。此信号已连接到逻辑电平指示灯上，以监视PC值变化。

(40) LDPC。程序计数器PC计数控制信号，LDPC=1时，在时序信号上升沿到来时，程序计数器PC地址加1。

附录 C

实验(实训)报告书

学院、专业：________________________________

年级、班级：________________________________

姓名、学号：________________________________

指导教师：________________________________

起止日期：________________________________

年　　月　　日 填

实验(实训)课程名称：
实验(实训)地点：
实验(实训)项目：
实验(实训)所用设备：
实验(实训)目的及要求：
实验(实训)原理：

实验(实训)内容及步骤：

实验(实训)结果分析：

实验(实训)成绩评定：

指导教师：

年　　月　　日

附录 D

课程设计任务书

学院、专业：______________________

年级、班级：______________________

姓名、学号：______________________

指导教师：______________________

起止日期：______________________

年　　月　　日 填

课程设计任务书

设计地点		考核方式	
题目名称(包括)主要技术参数)及要求			
设计内容及工作量			
主要参考资料			

进度计划表

阶段 日期	计划完成工作量	指导教师检查意见	备注

<table>
<tr><td rowspan="2">课
程
设
计
成
绩</td><td>总评分：x=(　　　　　　　　　　)=(　　　　　　　　)(分)</td></tr>
<tr><td>总评成绩：

教学秘书签字：
年　　月　　日</td></tr>
<tr><td>分
院
意
见</td><td>

分院院长：（盖章）
年　　月　　日</td></tr>
</table>

附录 E

课程设计成绩考核表

学院、专业：______________________

年级、班级：______________________

姓名、学号：______________________

指导教师：______________________

起止日期：______________________

年　　月　　日 填

<table>
<tr><td>题目</td><td colspan="3"></td></tr>
<tr><td>课题角色</td><td></td><td>完成时间</td><td></td></tr>
<tr><td colspan="4">课程设计工作自我总结</td></tr>
<tr><td colspan="4"></td></tr>
</table>

<table>
<tr><td rowspan="2">指导教师评审意见</td><td>评定成绩(1)</td><td></td></tr>
<tr><td colspan="2">评语：

指导教师：
年　　月　　日</td></tr>
<tr><td rowspan="2">答辩小组评审意见</td><td>评定成绩(2)</td><td></td></tr>
<tr><td colspan="2">评语：

答辩小组成员：

组长：
年　　月　　日</td></tr>
</table>

北京大学出版社本科计算机系列实用规划教材

序号	标准书号	书　　名	主　编	定价	序号	标准书号	书　　名	主　编	定价
1	7-301-10511-5	离散数学	段禅伦	28	38	7-301-13684-3	单片机原理及应用	王新颖	25
2	7-301-10457-X	线性代数	陈付贵	20	39	7-301-14505-0	Visual C++程序设计案例教程	张荣梅	30
3	7-301-10510-X	概率论与数理统计	陈荣江	26	40	7-301-14259-2	多媒体技术应用案例教程	李　建	30
4	7-301-10503-0	Visual Basic 程序设计	闵联营	22	41	7-301-14503-6	ASP .NET 动态网页设计案例教程(Visual Basic .NET 版)	江　红	35
5	7-301-10456-9	多媒体技术及其应用	张正兰	30	42	7-301-14504-3	C++面向对象与 Visual C++程序设计案例教程	黄贤英	35
6	7-301-10466-8	C++程序设计	刘天印	33	43	7-301-14506-7	Photoshop CS3 案例教程	李建芳	34
7	7-301-10467-5	C++程序设计实验指导与习题解答	李　兰	20	44	7-301-14510-4	C++程序设计基础案例教程	于永彦	33
8	7-301-10505-4	Visual C++程序设计教程与上机指导	高志伟	25	45	7-301-14942-3	ASP .NET 网络应用案例教程(C# .NET 版)	张登辉	33
9	7-301-10462-0	XML 实用教程	丁跃潮	26	46	7-301-12377-5	计算机硬件技术基础	石　磊	26
10	7-301-10463-7	计算机网络系统集成	斯桃枝	22	47	7-301-15208-9	计算机组成原理	娄国焕	24
11	7-301-10465-1	单片机原理及应用教程	范立南	30	48	7-301-15463-2	网页设计与制作案例教程	房爱莲	36
12	7-5038-4421-3	ASP .NET 网络编程实用教程(C#版)	崔良海	31	49	7-301-04852-8	线性代数	姚喜妍	22
13	7-5038-4427-2	C 语言程序设计	赵建锋	25	50	7-301-15461-8	计算机网络技术	陈代武	33
14	7-5038-4420-5	Delphi 程序设计基础教程	张世明	37	51	7-301-15697-1	计算机辅助设计二次开发案例教程	谢安俊	26
15	7-5038-4417-5	SQL Server 数据库设计与管理	姜　力	31	52	7-301-15740-4	Visual C# 程序开发案例教程	韩朝阳	30
16	7-5038-4424-9	大学计算机基础	贾丽娟	34	53	7-301-16597-3	Visual C++程序设计实用案例教程	于永彦	32
17	7-5038-4430-0	计算机科学与技术导论	王昆仑	30	54	7-301-16850-9	Java 程序设计案例教程	胡巧多	32
18	7-5038-4418-3	计算机网络应用实例教程	魏　峥	25	55	7-301-16842-4	数据库原理与应用(SQL Server 版)	毛一梅	36
19	7-5038-4415-9	面向对象程序设计	冷英男	28	56	7-301-16910-0	计算机网络技术基础与应用	马秀峰	33
20	7-5038-4429-4	软件工程	赵春刚	22	57	7-301-15063-4	计算机网络基础与应用	刘远生	32
21	7-5038-4431-0	数据结构(C++版)	秦　锋	28	58	7-301-15250-8	汇编语言程序设计	张光长	28
22	7-5038-4423-2	微机应用基础	吕晓燕	33	59	7-301-15064-1	网络安全技术	骆耀祖	30
23	7-5038-4426-4	微型计算机原理与接口技术	刘彦文	26	60	7-301-15584-4	数据结构与算法	佟伟光	32
24	7-5038-4425-6	办公自动化教程	钱　俊	30	61	7-301-17087-8	操作系统实用教程	范立南	36
25	7-5038-4419-1	Java 语言程序设计实用教程	董迎红	33	62	7-301-16631-4	Visual Basic 2008 程序设计教程	隋晓红	34
26	7-5038-4428-0	计算机图形技术	龚声蓉	28	63	7-301-17537-8	C 语言基础案例教程	汪新民	31
27	7-301-11501-5	计算机软件技术基础	高　巍	25	64	7-301-17397-8	C++程序设计基础教程	郗亚辉	30
28	7-301-11500-8	计算机组装与维护实用教程	崔明远	33	65	7-301-17578-1	图论算法理论、实现及应用	王桂平	54
29	7-301-12174-0	Visual FoxPro 实用教程	马秀峰	29	66	7-301-17964-2	PHP 动态网页设计与制作案例教程	房爱莲	42
30	7-301-11500-8	管理信息系统实用教程	杨月江	27	67	7-301-18514-8	多媒体开发与编程	于永彦	35
31	7-301-11445-2	Photoshop CS 实用教程	张　瑾	28	68	7-301-18538-4	实用计算方法	徐亚平	24
32	7-301-12378-2	ASP .NET 课程设计指导	潘志红	35	69	7-301-18539-1	Visual FoxPro 数据库设计案例教程	谭红杨	35
33	7-301-12394-2	C# .NET 课程设计指导	龚自霞	32	70	7-301-19313-6	Java 程序设计案例教程与实训	董迎红	45
34	7-301-13259-3	VisualBasic .NET 课程设计指导	潘志红	30	71	7-301-19389-1	Visual FoxPro 实用教程与上机指导（第 2 版）	马秀峰	40
35	7-301-12371-3	网络工程实用教程	汪新民	34	72	7-301-19435-5	计算方法	尹景本	28
36	7-301-14132-8	J2EE 课程设计指导	王立丰	32	73	7-301-19388-4	Java 程序设计教程	张剑飞	35
37	7-301-21088-8	计算机专业英语(第 2 版)	张　勇	42	74	7-301-19386-0	计算机图形技术(第 2 版)	许承东	44

75	7-301-15689-6	Photoshop CS5 案例教程(第 2 版)	李建芳	39	83	7-301-21052-9	ASP.NET 程序设计与开发	张绍兵	39
76	7-301-18395-3	概率论与数理统计	姚喜妍	29	84	7-301-16824-0	软件测试案例教程	丁宋涛	28
77	7-301-19980-0	3ds Max 2011 案例教程	李建芳	44	85	7-301-20328-6	ASP. NET 动态网页案例教程(C#.NET 版)	江 红	45
78	7-301-20052-0	数据结构与算法应用实践教程	李文书	36	86	7-301-16528-7	C#程序设计	胡艳菊	40
79	7-301-12375-1	汇编语言程序设计	张宝剑	36	87	7-301-21271-4	C#面向对象程序设计及实践教程	唐 燕	45
80	7-301-20523-5	Visual C++程序设计教程与上机指导(第 2 版)	牛江川	40	88	7-301-21295-0	计算机专业英语	吴丽君	34
81	7-301-20630-0	C#程序开发案例教程	李挥剑	39	89	7-301-21341-4	计算机组成与结构教程	姚玉霞	42
82	7-301-20898-4	SQL Server 2008 数据库应用案例教程	钱哨	38	90	7-301-21367-4	计算机组成与结构实验实训教程	姚玉霞	22

北京大学出版社电气信息类教材书目(已出版)

欢迎选订

序号	标准书号	书　名	主　编	定价	序号	标准书号	书　名	主　编	定价
1	7-301-10759-1	DSP 技术及应用	吴冬梅	26	38	7-5038-4400-3	工厂供配电	王玉华	34
2	7-301-10760-7	单片机原理与应用技术	魏立峰	25	39	7-5038-4410-2	控制系统仿真	郑恩让	26
3	7-301-10765-2	电工学	蒋　中	29	40	7-5038-4398-3	数字电子技术	李　元	27
4	7-301-19183-5	电工与电子技术(上册)(第2版)	吴舒辞	30	41	7-5038-4412-6	现代控制理论	刘永信	22
5	7-301-19229-0	电工与电子技术(下册)(第2版)	徐卓农	32	42	7-5038-4401-0	自动化仪表	齐志才	27
6	7-301-10699-0	电子工艺实习	周春阳	19	43	7-5038-4408-9	自动化专业英语	李国厚	32
7	7-301-10744-7	电子工艺学教程	张立毅	32	44	7-5038-4406-5	集散控制系统	刘翠玲	25
8	7-301-10915-6	电子线路 CAD	吕建平	34	45	7-301-19174-3	传感器基础(第 2 版)	赵玉刚	30
9	7-301-10764-1	数据通信技术教程	吴延海	29	46	7-5038-4396-9	自动控制原理	潘　丰	32
10	7-301-18784-5	数字信号处理(第 2 版)	阎　毅	32	47	7-301-10512-2	现代控制理论基础(国家级十一五规划教材)	侯媛彬	20
11	7-301-18889-7	现代交换技术(第 2 版)	姚　军	36	48	7-301-11151-2	电路基础学习指导与典型题解	公茂法	32
12	7-301-10761-4	信号与系统	华　容	33	49	7-301-12326-3	过程控制与自动化仪表	张井岗	36
13	7-301-19318-1	信息与通信工程专业英语（第 2 版）	韩定定	32	50	7-301-12327-0	计算机控制系统	徐文尚	28
14	7-301-10757-7	自动控制原理	袁德成	29	51	7-5038-4414-0	微机原理及接口技术	赵志诚	38
15	7-301-16520-1	高频电子线路(第 2 版)	宋树祥	35	52	7-301-10465-1	单片机原理及应用教程	范立南	30
16	7-301-11507-7	微机原理与接口技术	陈光军	34	53	7-5038-4426-4	微型计算机原理与接口技术	刘彦文	26
17	7-301-11442-1	MATLAB 基础及其应用教程	周开利	24	54	7-301-12562-5	嵌入式基础实践教程	杨　刚	30
18	7-301-11508-4	计算机网络	郭银景	31	55	7-301-12530-4	嵌入式 ARM 系统原理与实例开发	杨宗德	25
19	7-301-12178-8	通信原理	隋晓红	32	56	7-301-13676-8	单片机原理与应用及 C51 程序设计	唐　颖	30
20	7-301-12175-7	电子系统综合设计	郭　勇	25	57	7-301-13577-8	电力电子技术及应用	张润和	38
21	7-301-11503-9	EDA 技术基础	赵明富	22	58	7-301-20508-2	电磁场与电磁波（第 2 版）	邬春明	30
22	7-301-12176-4	数字图像处理	曹茂永	23	59	7-301-12179-5	电路分析	王艳红	38
23	7-301-12177-1	现代通信系统	李白萍	27	60	7-301-12380-5	电子测量与传感技术	杨　雷	35
24	7-301-12340-9	模拟电子技术	陆秀令	28	61	7-301-14461-9	高电压技术	马永翔	28
25	7-301-13121-3	模拟电子技术实验教程	谭海曙	24	62	7-301-14472-5	生物医学数据分析及其 MATLAB 实现	尚志刚	25
26	7-301-11502-2	移动通信	郭俊强	22	63	7-301-14460-2	电力系统分析	曹　娜	35
27	7-301-11504-6	数字电子技术	梅开乡	30	64	7-301-14459-6	DSP 技术与应用基础	俞一彪	34
28	7-301-18860-6	运筹学(第 2 版)	吴亚丽	28	65	7-301-14994-2	综合布线系统基础教程	吴达金	24
29	7-5038-4407-2	传感器与检测技术	祝诗平	30	66	7-301-15168-6	信号处理 MATLAB 实验教程	李　杰	20
30	7-5038-4413-3	单片机原理及应用	刘　刚	24	67	7-301-15440-3	电工电子实验教程	魏　伟	26
31	7-5038-4409-6	电机与拖动	杨天明	27	68	7-301-15445-8	检测与控制实验教程	魏　伟	24
32	7-5038-4411-9	电力电子技术	樊立萍	25	69	7-301-04595-4	电路与模拟电子技术	张绪光	35
33	7-5038-4399-0	电力市场原理与实践	邹　斌	24	70	7-301-15458-8	信号、系统与控制理论(上、下册)	邱德润	70
34	7-5038-4405-8	电力系统继电保护	马永翔	27	71	7-301-15786-2	通信网的信令系统	张云麟	24
35	7-5038-4397-6	电力系统自动化	孟祥忠	25	72	7-301-16493-8	发电厂变电所电气部分	马永翔	35
36	7-5038-4404-1	电气控制技术	韩顺杰	22	73	7-301-16076-3	数字信号处理	王震宇	32
37	7-5038-4403-4	电器与 PLC 控制技术	陈志新	38	74	7-301-16931-5	微机原理及接口技术	肖洪兵	32

序号	标准书号	书　　名	主　编	定价	序号	标准书号	书　　名	主　编	定价
75	7-301-16932-2	数字电子技术	刘金华	30	98	7-301-19447-8	电气信息类专业英语	缪志农	40
76	7-301-16933-9	自动控制原理	丁　红	32	99	7-301-19451-5	嵌入式系统设计及应用	邢吉生	44
77	7-301-17540-8	单片机原理及应用教程	周广兴	40	100	7-301-19452-2	电子信息类专业 MATLAB 实验教程	李明明	42
78	7-301-17614-6	微机原理及接口技术实验指导书	李干林	22	101	7-301-16914-8	物理光学理论与应用	宋贵才	32
79	7-301-12379-9	光纤通信	卢志茂	28	102	7-301-16598-0	综合布线系统管理教程	吴达金	39
80	7-301-17382-4	离散信息论基础	范九伦	25	103	7-301-20394-1	物联网基础与应用	李蔚田	44
81	7-301-17677-1	新能源与分布式发电技术	朱永强	32	104	7-301-20339-2	数字图像处理	李云红	36
82	7-301-17683-2	光纤通信	李丽君	26	105	7-301-20340-8	信号与系统	李云红	29
83	7-301-17700-6	模拟电子技术	张绪光	36	106	7-301-20505-1	电路分析基础	吴舒辞	38
84	7-301-17318-3	ARM 嵌入式系统基础与开发教程	丁文龙	36	107	7-301-20506-8	编码调制技术	黄　平	26
85	7-301-17797-6	PLC 原理及应用	缪志农	26	108	7-301-20763-5	网络工程与管理	谢　慧	39
86	7-301-17986-4	数字信号处理	王玉德	32	109	7-301-20845-8	单片机原理与接口技术实验与课程设计	徐懂理	26
87	7-301-18131-7	集散控制系统	周荣富	36	110	301-20725-3	模拟电子线路	宋树祥	38
88	7-301-18285-7	电子线路 CAD	周荣富	41	111	7-301-21058-1	单片机原理与应用及其实验指导书	邵发森	44
89	7-301-16739-7	MATLAB 基础及应用	李国朝	39	112	7-301-20918-9	Mathcad 在信号与系统中的应用	郭仁春	30
90	7-301-18352-6	信息论与编码	隋晓红	24	113	7-301-20327-9	电工学实验教程	王士军	34
91	7-301-18260-4	控制电机与特种电机及其控制系统	孙冠群	42	114	7-301-16367-2	供配电技术	王玉华	49
92	7-301-18493-6	电工技术	张　莉	26	115	7-301-20351-4	电路与模拟电子技术实验指导书	唐　颖	26
93	7-301-18496-7	现代电子系统设计教程	宋晓梅	36	116	7-301-21247-9	MATLAB 基础与应用教程	王月明	32
94	7-301-18672-5	太阳能电池原理与应用	靳瑞敏	25	117	7-301-21235-6	集成电路版图设计	陆学斌	36
95	7-301-18314-4	通信电子线路及仿真设计	王鲜芳	29	118	7-301-21304-9	数字电子技术	秦长海	49
96	7-301-19175-0	单片机原理与接口技术	李　升	46	119	7-301-21366-7	电力系统继电保护（第 2 版）	马永翔	38
97	7-301-19320-4	移动通信	刘维超	39					

请登录 www.pup6.cn 免费下载本系列教材的电子书(PDF 版)、电子课件和相关教学资源。
欢迎免费索取样书，并欢迎到北京大学出版社来出版您的著作，可在 www.pup6.cn 在线申请样书和进行选题登记，也可下载相关表格填写后发到我们的邮箱，我们将及时与您取得联系并做好全方位的服务。
联系方式：010-62750667，pup6_czq@163.com，szheng_pup6@163.com，linzhangbo@126.com，欢迎来电来信咨询。